定期テスト **ズバリよくでる** 理科 2年 東京書籍

もくじ

取り外してお使いください　赤シート＋直前チェックBOOK,別冊解答

【写真提供】
コーベット・フォトエージェンシー

※全国の定期テストの標準的な出題範囲を示しています。学校の学習進度とあわない場合は,「あなたの学校の出題範囲」欄に出題範囲を書きこんでお使いください。

Step 1 基本チェック　第1章 物質のなり立ち

10分

赤シートを使って答えよう！

❶ ホットケーキの秘密 ▶ 教 p.16-21

□ もとの物質とちがう物質ができる変化を［化学変化］(化学反応) という。

□ 1種類の物質が2種類以上の物質に分かれる化学変化を［分解］という。

□ 加熱による分解を［熱分解］という。

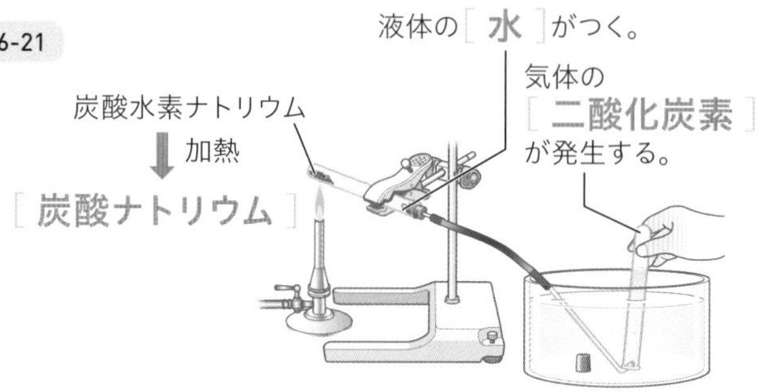

□ 熱分解

❷ 水の分解 ▶ 教 p.22-25

□ 物質に電流を流して分解することを［電気分解］という。

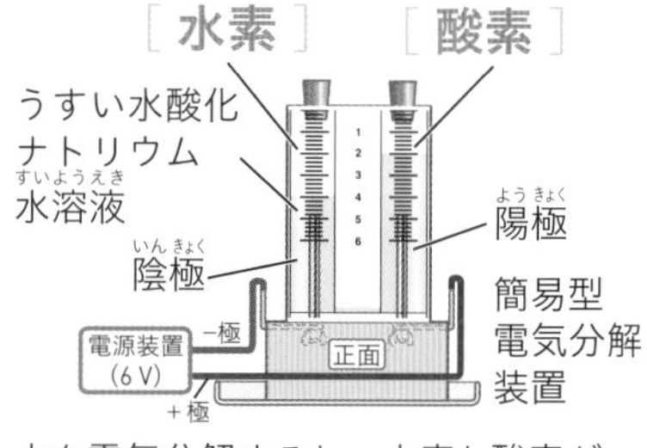

水を電気分解すると，水素と酸素が［2］：［1］の体積の比で発生する。

□ 電気分解

❸ 物質をつくっているもの ▶ 教 p.26-29

□ ドルトンは，物質はそれ以上分割することのできない粒子でできていると考え，この粒子を［原子］とよんだ。

□ 原子の種類を［元素］，原子の種類をアルファベット1文字あるいは2文字からなる記号で表したものを［元素記号］という。

□ 元素の性質を整理した表を［元素の周期表］という。

❹ 分子と化学式 ▶ 教 p.30-31

□ 水素や酸素などの物質は，いくつかの原子が結びついた粒子として存在している。この粒子を［分子］という。

□ 元素記号を用いて物質を表したものを［化学式］という。

分子は物質の性質を表す最小単位の粒子だよ。

❺ 単体と化合物・物質の分類 ▶ 教 p.32-34

□ 1種類の元素からできている物質を［単体］，2種類以上の元素からできている物質を［化合物］という。

□ 身のまわりの物質には，純粋な物質と2種類以上の物質が混じり合っている［混合物］がある。

水の電気分解の問題はよく出題されるので，装置のしくみ，発生する気体の種類とその電極，体積の比の関係についてもよく理解しておこう。

Step 2 予想問題　第1章 物質のなり立ち

30分（1ページ10分）

【炭酸水素ナトリウムの変化】

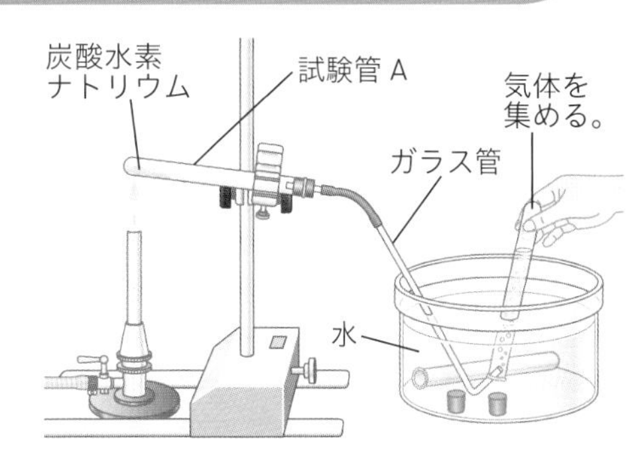

❶ 炭酸水素ナトリウムをかわいた試験管Aに入れ，図のように弱火で熱した。次の問いに答えなさい。

□ ① 気体を集めた試験管に石灰水（せっかいすい）を入れてふると，石灰水が白くにごった。このことから，発生した気体は何であるといえるか。

（　　　　　）

□ ② 試験管Aの口の内側に透明な液体が付着していた。この液体が水であることを確かめるには，何を使えばよいか。また，どのような変化が起こるか。

使うもの（　　　　　）

変化（　　　　　）

□ ③ 加熱後の物質（試験管Aの中に残った白い物質）と，加熱前の炭酸水素ナトリウムの水へのとけ方を比べた。よくとけるのはどちらか。（　　　　　）

□ ④ 加熱後に残った白い物質と炭酸水素ナトリウムのそれぞれの水溶液にフェノールフタレイン溶液（ようえき）を加えた。このときの変化として正しいものを，㋐～㋔から選び，記号で答えなさい。（　　　）

㋐ どちらも赤くなるが，炭酸水素ナトリウムの方が色がこい。

㋑ どちらも赤くなるが，炭酸水素ナトリウムの方が色がうすい。

㋒ どちらも同じぐらい赤くなる。

㋓ 炭酸水素ナトリウムは赤くなるが，加熱後の物質は変化しない。

㋔ 炭酸水素ナトリウムは変化しないが，加熱後の物質は赤くなる。

□ ⑤ フェノールフタレイン溶液が赤くなるとき，水溶液の性質は酸性・中性・アルカリ性のどれか。（　　　　　）

□ ⑥ この実験で，試験管Aの口を底よりも少し下げて加熱するのはなぜか。

（　　　　　）

□ ⑦ この実験で，熱するのをやめるとき最初にしなければならない操作は何か。また，その理由を簡単に説明しなさい。

操作（　　　　　）

理由（　　　　　）

ミスに注意　❶②色の変化は，「何色に変わる。」ではなく，「何色から何色に変わる。」と表現しましょう。

【 水の電気分解 】

❷ 図のような装置に電流を流したところ，ⓐ，ⓑに気体が集まった。次の問いに答えなさい。

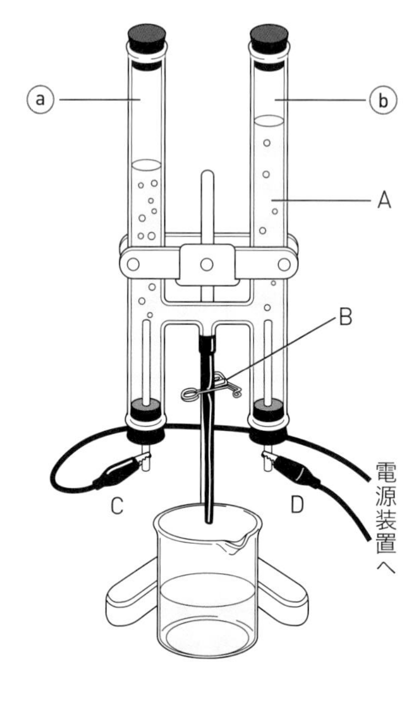

□ ❶ Aは，水にある物質を加えたものである。ある物質とは何か。（　　　　）

□ ❷ ❶の物質を加えるのはなぜか。

（　　　　　　　　）

□ ❸ ⓐの気体は，ⓑの気体よりも多く集まっていた。それぞれの気体は何か。

ⓐ（　　　　）　ⓑ（　　　　）

□ ❹ ⓐとⓑに集まる気体の体積の比はいくらか。

ⓐ：ⓑ＝（　　　　）

□ ❺ CとDの電極は，それぞれ何極か。

C（　　　　）　D（　　　　）

□ ❻ ⓐ，ⓑに集まった気体の性質を㋐～㋓から選び，記号で答えなさい。

ⓐ（　　　　）　ⓑ（　　　　）

㋐ 石灰水を白くにごらせる。

㋑ 水でぬらした青色リトマス紙を赤色に変える。

㋒ 火のついた線香を入れると，線香が炎を出して激しく燃える。

㋓ マッチの火を近づけると，気体がポンと音を立てて燃える。

□ ❼ この実験で次の①，②の場合，Bのピンチコックはどのようにするのが正しいか。それぞれ㋐，㋑から選び，記号で答えなさい。

① 電流を流しているとき（　　　）

② ⓐ，ⓑに集まった気体の性質を調べるとき（　　　）

㋐ ピンチコックでゴム管を閉じておく。

㋑ ピンチコックを外し，ゴム管を開く。

□ ❽ この実験のように，物質に電流を流してほかの物質に分解することを何というか。（　　　　）

ヒント ❷❻マッチの火を近づけると，ポンと音を立てるのは水素の性質です。また，火のついた線香を入れると，線香が炎を出して激しく燃えるのは酸素の性質です。

【元素記号】

❸ 次の元素を元素記号で表しなさい。

〈金属〉

- □ ❶ カルシウム（　　）
- □ ❷ マグネシウム（　　）
- □ ❸ 銀（　　）
- □ ❹ ナトリウム（　　）
- □ ❺ アルミニウム（　　）
- □ ❻ 鉄（　　）
- □ ❼ カリウム（　　）
- □ ❽ 亜鉛（あえん）（　　）
- □ ❾ 銅（　　）

〈非金属〉

- □ ❿ 水素（　　）
- □ ⓫ 炭素（　　）
- □ ⓬ 窒素（ちっそ）（　　）
- □ ⓭ 酸素（　　）
- □ ⓮ 硫黄（いおう）（　　）
- □ ⓯ 塩素（　　）

【分子のモデルと化学式】

❹ 酸素原子１個を●，水素原子１個を○，窒素原子１個を◎としたとき，次の物質を，●，○，◎を使ったモデルで表しなさい。また，それぞれの化学式を書きなさい。

- □ ❶ 酸素　モデル（　　）　化学式（　　）
- □ ❷ 窒素　モデル（　　）　化学式（　　）
- □ ❸ 水　モデル（　　）　化学式（　　）
- □ ❹ 水素　モデル（　　）　化学式（　　）

【単体と化合物】

❺ 単体と化合物について，次の問いに答えなさい。

- □ ❶ 単体は，何種類の元素からできているか。（　　）
- □ ❷ 化合物は，何種類の元素からできているか。（　　）
- □ ❸ 次の物質を化学式で表しなさい。
  - ① 二酸化炭素（　　）　② 銅（　　）
  - ③ マグネシウム（　　）　④ 水素（　　）
  - ⑤ 塩化ナトリウム（　　）　⑥ 酸化銅（　　）
- □ ❹ 単体と化合物にあたるものを，❸の①～⑥の物質から全て選び，記号で答えなさい。
  - 単体（　　）　化合物（　　）

ミスに注意 ❸ 元素記号が２文字のアルファベットからなる場合，２文字目は小文字になります。

［解答▶p.1-2］

Step 1 基本チェック　第2章 物質どうしの化学変化　第3章 酸素がかかわる化学変化

10分

赤シートを使って答えよう！

2-1 異なる物質の結びつき

▶ 教 p.36-41

□ 2種類以上の物質が結びつくと，［ 化合物 ］ができる。

2-2 化学変化を化学式で表す

▶ 教 p.42-48

□ 化学変化を化学式で表した式を［ 化学反応式 ］という。

□ 鉄と硫黄が結びつく反応の化学反応式　Fe + S → ［ FeS ］

□ 炭素と酸素が結びつく反応の化学反応式　$C + O_2 \rightarrow$ ［ CO_2 ］

□ 水素と酸素が結びつく反応の化学反応式　2［ H_2 ］$+ O_2 \rightarrow$ 2［ H_2O ］

□ 上の化学反応式から，水素分子［ 2 ］個と［ 酸素分子 ］1個から水分子2個ができることがわかる。

H_2と2Hと$2H_2$の意味を間違えないように気をつけよう。

3-1 物が燃える変化

▶ 教 p.50-55

□ 物質が酸素と結びつくことを［ 酸化 ］という。それによってできた物質を［ 酸化物 ］という。物質が，熱や光を出しながら激しく酸化されることを［ 燃焼 ］という。

□ 銅が空気中の酸素によって酸化されてできた物質を［ 酸化銅 ］という。

□ 木や木炭などを燃やすと，ふくまれる炭素が酸化されて，［ 二酸化炭素 ］や水ができる。

3-2 酸化物から酸素をとる化学変化

▶ 教 p.56-62

□ 酸化物が酸素をうばわれる化学変化を［ 還元 ］といい，物質の［ 酸化 ］と同時に起こる。

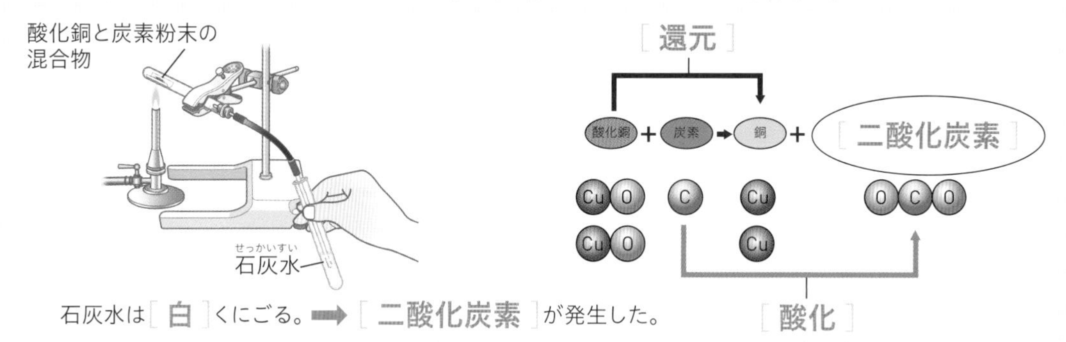

石灰水は［ 白 ］くにごる。➡［ 二酸化炭素 ］が発生した。

□ **酸化銅の還元**

テストに出る　酸化と還元はよく出題されるので，それぞれの特徴をよく理解しておこう。

Step 2 予想問題

第２章 物質どうしの化学変化
第３章 酸素がかかわる化学変化

30分
（1ページ10分）

【鉄と硫黄(いおう)の反応】

❶ 次の実験について，後の問いに答えなさい。

実験　鉄粉7.0 gと硫黄の粉末4.0 gをよく混ぜ合わせて，試験管Aに混合物の$\frac{1}{4}$を，試験管Bに混合物の残りの分量を入れた。試験管Bの口に脱脂綿でゆるく栓をし，混合物の上部を熱したら赤くなったので，熱するのをやめ，反応のようすを観察した。試験管Aはそのままにしておいた。

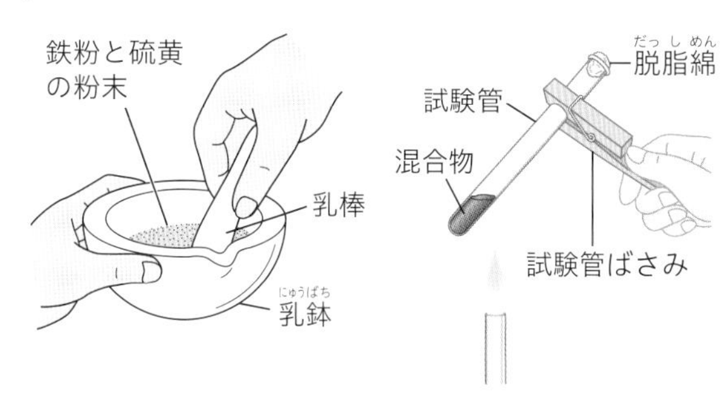

□ ❶ Bを熱し，混合物の上部が赤くなったら熱するのをやめたあとの反応のようすとして適当なものを，㋐～㋒から選び，記号で答えなさい。（　　）

㋐ 熱するのをやめると，すぐに反応が終わる。
㋑ 熱するのをやめても，引き続き反応が起こる。
㋒ 熱するのをやめると，もとの状態にもどる。

□ ❷ 右の図のように磁石を近づけたとき，磁石に強く引き寄せられるのは，A，Bのどちらか。（　　）

□ ❸ A，Bの物質をそれぞれ少しずつ別の試験管にとり，少量のうすい塩酸を加えて変化を調べた。A，Bそれぞれに起こることを，㋐～㋒から１つずつ選び，記号で答えなさい。

A（　　）　B（　　）

㋐ 無臭(むしゅう)の気体が発生する。
㋑ 腐卵臭(ふらんしゅう)のある気体が発生する。
㋒ 気体は発生しない。

□ ❹ 鉄と硫黄の性質が残っているのは，A，Bのどちらか。（　　）

□ ❺ 鉄と硫黄が反応してできたBの物質は何という物質か。その物質名を答えなさい。

（　　）

□ ❻ ❺の物質は，混合物(こんごうぶつ)か純粋(じゅんすい)な物質か。（　　）

ヒント ❶❷鉄は磁石に引き寄せられますが，鉄と硫黄の化合物は磁石に引き寄せられません。

[解答▶p.2-3]

【 化学反応式 】

❷ 次の化学反応式について，後の問いに答えなさい。

① $2H_2 + O_2 \rightarrow 2H_2O$

② $C + O_2 \rightarrow CO_2$

③ $2Mg + O_2 \rightarrow 2MgO$

□ ❶ ①の化学反応式で，矢印の右側には，酸素原子が何個あるか。

（　　　）

□ ❷ ①〜③の化学反応式を，モデルを使って正しく説明しているものを，㋐〜㋕から選び，記号で答えなさい。

①（　　　）　②（　　　）　③（　　　）

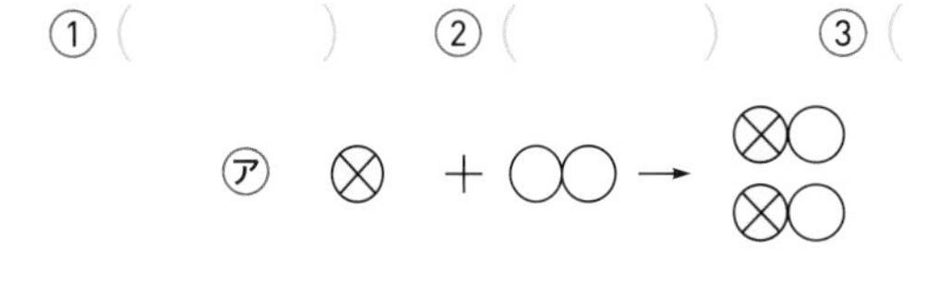

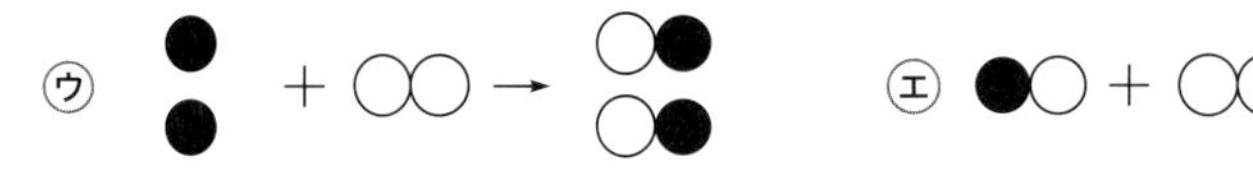

㋕

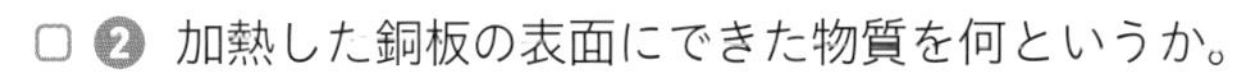

【 金属と酸素の結びつき 】

❸ 銅板とマグネシウムを使って，次のような実験を行った。後の問いに答えなさい。

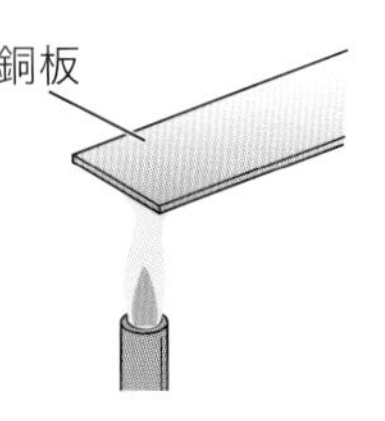

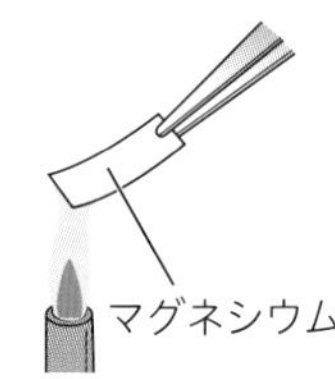

〈実験 1〉銅板を空気中で加熱した。

〈実験 2〉マグネシウムを空気中で加熱した。

□ ❶ 銅板を加熱すると，表面の色が変化した。何色に変化したか。（　　　）

□ ❷ 加熱した銅板の表面にできた物質を何というか。（　　　）

□ ❸ マグネシウムを加熱すると，どのように燃えたか。

（　　　）

□ ❹ マグネシウムが燃えた後にできた物質を何というか。

（　　　）

□ ❺ 物質が酸素と結びつくことを何というか。（　　　）

□ ❻ ❸のような物質と酸素との結びつきを，特に何というか。

（　　　）

【金属以外の物質と酸素の結びつき】

❹ 金属以外の物質と酸素の結びつきについて，次の問いに答えなさい。

□ ❶ 木や木炭を集気びんの中で燃やし，石灰水（せっかいすい）を入れてよくふると，石灰水はどうなるか。（　　　）

□ ❷ ❶のことから，木や木炭が燃焼（ねんしょう）すると何ができることがわかるか。（　　　）

□ ❸ 水素と酸素の混合気体に点火すると，爆発（ばくはつ）的に反応して何ができるか。（　　　）

□ ❹ ロウにふくまれている物質と，ロウの燃焼でできる物質との関係について正しいものを，㋐～㋓から全て選び，記号で答えなさい。（　　　）

㋐ ロウにふくまれる酸素が酸化して，二酸化炭素ができた。
㋑ ロウにふくまれる炭素が酸化して，二酸化炭素ができた。
㋒ ロウにふくまれる水素が酸化して，水が発生した。
㋓ ロウにふくまれる水が蒸発して，水蒸気が発生した。

【還元（かんげん）】

❺ 酸化物から酸素をとる化学変化について，次の問いに答えなさい。

□ ❶ 下の模式図は，酸化銅を炭素によって銅に還元するときの化学変化（かがくへんか）を表している。①，②には物質名を，㋐，㋑には化学変化の種類を表す語句を書きなさい。

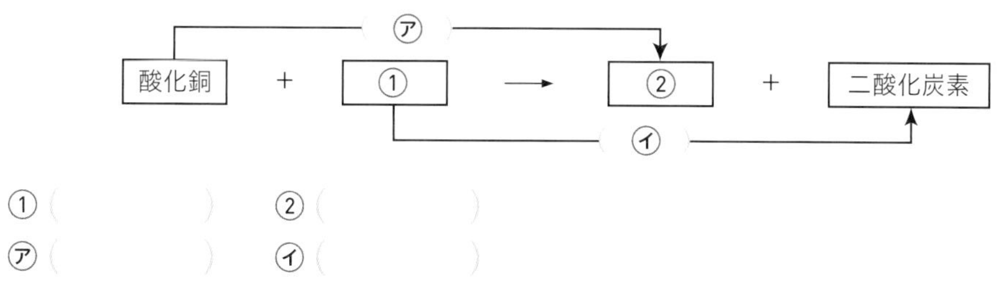

①（　　　）　②（　　　）
㋐（　　　）　㋑（　　　）

□ ❷ ❶の化学変化を，化学反応式で表しなさい。（　　　）

□ ❸ 水素を用いて酸化銅を還元した。この反応で，酸化された物質は何か。（　　　）

□ ❹ ❸の物質は，酸化されると何になるか。（　　　）

□ ❺ 酸化銅が水素によって還元されるときの変化を，化学反応式で表しなさい。（　　　）

□ ❻ マグネシウムを二酸化炭素中で燃やすと，後に白色と黒色の物質が残る。それぞれ何か。

白色（　　　）　黒色（　　　）

ヒント ❹❹ロウは有機物で，主に炭素と水素からできた化合物です。

[解答▶p.2-3]

Step 1 基本チェック 第4章 化学変化と物質の質量 第5章 化学変化とその利用

10分

赤シートを使って答えよう！

4-1 化学変化と質量の変化

▶ 教 p.64-67

□ 全体の元素とそれぞれの［原子］の数は変わらないので，化学変化が起こる前と後では物質全体の質量は変わらない。これを［質量保存の法則］という。

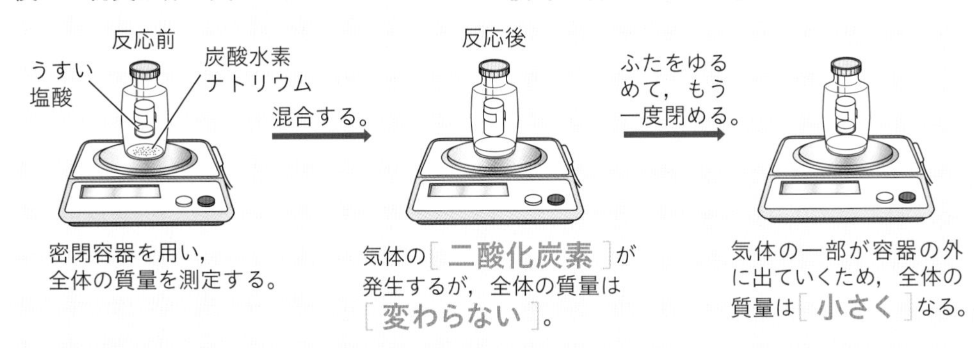

□ 質量保存の法則（気体が発生する化学変化）

4-2 物質と物質が結びつくときの物質の割合

▶ 教 p.68-72

□ マグネシウムや銅などの金属を加熱すると，結びついた［酸素］の分だけ［質量］が大きくなる。

□ もとの金属の質量と結びついた酸素の質量は［比例］している。

□ 酸化銅の場合，銅と酸素の質量の比は［4：1］になる。また，酸化マグネシウムの場合，マグネシウムと酸素の質量の比は［3：2］になる。

5-1 化学変化と熱

▶ 教 p.74-77

□ 熱を周囲に出している化学変化を［発熱反応］といい，温度が上がる。

□ 周囲から熱をうばう化学変化を［吸熱反応］といい，温度が下がる。

□ 物質がもっているエネルギーを［化学エネルギー］という。

酸素と結びつくマグネシウムや銅の質量の比はよく出題されるので，しっかりと理解しておこう。

Step 2 予想問題　第4章 化学変化と物質の質量／第5章 化学変化とその利用

30分（1ページ10分）

【化学変化と物質の質量】

❶ 化学変化が起こる前後の物質の質量を調べた。次の問いに答えなさい。

□ ❶ 空気中でスチールウールを燃やすと，できた物質の質量はもとのスチールウールの質量と比べてどうなるか。（　　　）

□ ❷ うすい硫酸（りゅうさん）とうすい塩化バリウム水溶液を混ぜた。

① 混ぜると白い沈殿（ちんでん）ができた。この物質は何か。（　　　）

② 2つの水溶液を混ぜた後の物質全体の質量は，混ぜる前の物質全体の質量と比べてどうなっているか。（　　　）

【気体が発生する化学変化】

❷ 図のように，炭酸水素ナトリウムとうすい塩酸をプラスチックの容器に入れ，ふたをしっかり閉めて全体の質量をはかったら46.5 gであった。次の問いに答えなさい。

□ ❶ 密閉したまま容器をかたむけて，容器の中のうすい塩酸と炭酸水素ナトリウムを反応させると，全体の質量はどうなるか。㋐～㋒から1つ選び，記号で答えなさい。（　　　）

㋐ 46.5 gより小さい。　㋑ 46.5 g　㋒ 46.5 gより大きい。

□ ❷ ❶の後，容器のふたをあけてもう一度閉めた。全体の質量はどうなるか。❶の㋐～㋒から1つ選び，記号で答えなさい。（　　　）

【密閉容器での化学変化】

❸ 図のような，密閉されたフラスコの中のスチールウールに電流を流して燃焼（ねんしょう）させた。燃焼させる前の，装置全体の質量をはかったら135 gであった。次の問いに答えなさい。

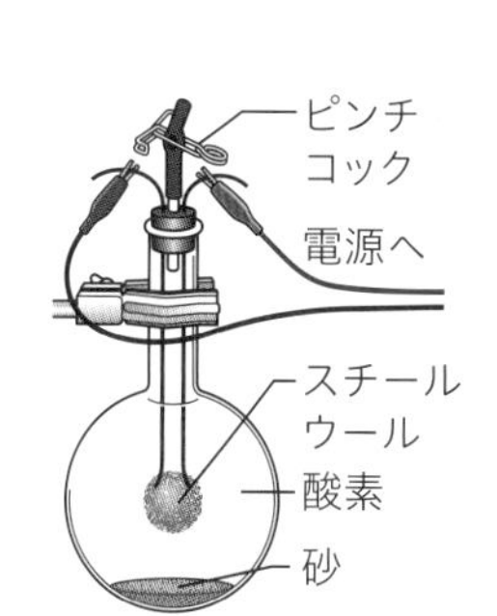

□ ❶ 燃焼後の装置全体の質量はどうなるか。㋐～㋒から1つ選び，記号で答えなさい。（　　　）

㋐ 135 gより小さい。　㋑ 135 g　㋒ 135 gより大きい。

□ ❷ 燃焼後，スチールウールは何に変化したか。（　　　）

□ ❸ ❶のあとピンチコックをゆるめ，再び閉じた。このときの装置全体の質量を，❶の㋐～㋒から1つ選び，記号で答えなさい。（　　　）

ヒント ❷ 炭酸水素ナトリウムとうすい塩酸を反応させると二酸化炭素が発生します。
❸❸ ピンチコックをゆるめると，空気中からフラスコの中に空気が入ってきます。

【 化学変化に関係する物質の質量の割合 】

❹ 次の実験について，後の問いに答えなさい。

実験 図1のようにして，2.0 gの銅の粉末をステンレス皿の上にうすく広げて熱し，ステンレス皿をよく冷やしてから質量をはかった。その後，よくかき混ぜてからもう一度熱するという操作を7回くり返して，質量の変化を調べた。図2は，そのときの結果をグラフに表したものである。

図1

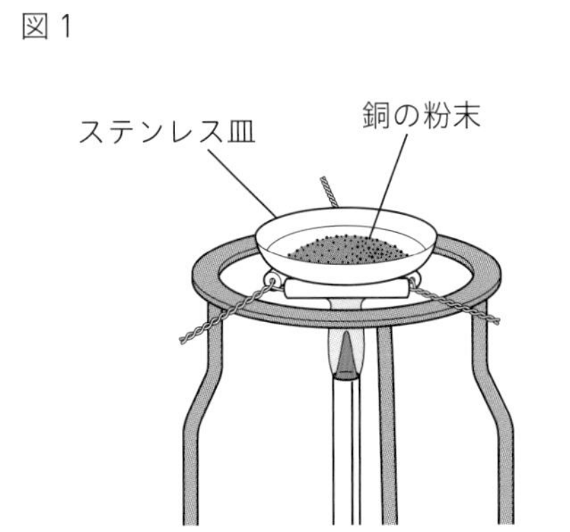

図2

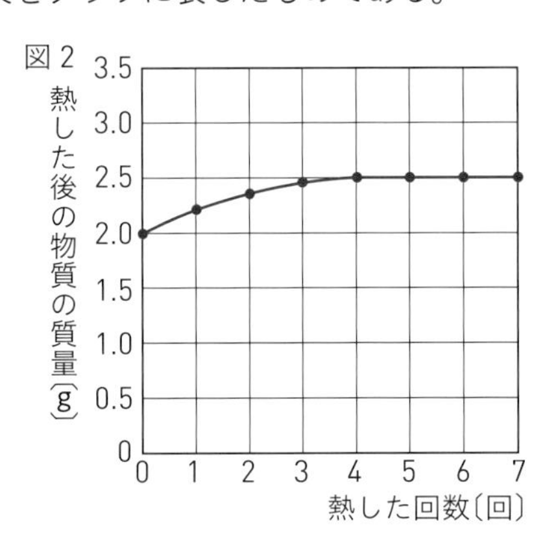

□ ❶ 銅の粉末を熱したときにできる物質は何か。　(　　　　　　)

□ ❷ この実験で起こる化学変化を，化学反応式で表しなさい。

(　　　　　　　　　　)

□ ❸ 銅を熱すると，熱する前の質量と比べて質量は大きくなるか，小さくなるか。

(　　　　　　　　)

□ ❹ ❸のようになる理由として適切なものを，㋐～㋒から1つ選び，記号で答えなさい。

(　　　)

㋐ 物質が燃えると質量が小さくなるから。
㋑ 化学変化では，質量は変わらないから。
㋒ 結びついた酸素の分だけ質量が大きくなるから。

□ ❺ 2回目の加熱後の時点で，ステンレス皿の上の粉末にはどんな物質がふくまれているか。全て答えなさい。　(　　　　　　　)

□ ❻ 4回目の加熱から，化合物の質量に変化がないのはなぜか。

(　　　　　　　　　　　　)

□ ❼ 銅2.0 gと結びつく酸素の最大の質量は何gか。　(　　　　　)

□ ❽ 銅と結びつく酸素の質量の比を，最も簡単な整数の比で表しなさい。

(　　　　　)

□ ❾ この実験の後，新しい銅の粉末1.5 gを用意して同様の実験を行った。加熱後の質量が変わらなくなったとき，化合物の質量は何gか。　(　　　　　)

ヒント ❹❾銅と酸素はいつも一定の質量の割合で結びつきます。比の計算を使って求めましょう。

【マグネシウムと結びつく酸素の割合】

❺ 3.0 gのマグネシウムに2.0 gの酸素が過不足なく反応することがわかっている。次の問いに答えなさい。

□ ❶ マグネシウムが酸素と結びつくときの化学変化を，化学反応式で表しなさい。
（　　　　　　　　）

□ ❷ マグネシウム原子が10個，酸素分子が10個あるとする。
① 結びつく酸素分子は最大何個か。（　　　　）
② ①のとき，酸素分子は何個残るか。（　　　　）

□ ❸ 密閉容器の中で0.7 gのマグネシウムを燃やしたところ，後に残った固体の質量は1.1 gであった。その固体には，少しマグネシウムが燃えずに残っていた。
① この反応で使われた酸素は何gか。（　　　　）
② 0.7 gのマグネシウムのうち，何gが酸素と反応したか。（　　　　）
③ 後に残った固体1.1 gのうち，酸素と反応せずに残っているマグネシウムは何gか。（　　　　）

【化学変化と熱】

❻ 化学変化による熱の出入りを，㋐，㋑のように表した。後の問いに答えなさい。

㋐ 物質A＋…→物質B＋…（熱が出ていく）

㋑ 物質C＋…→物質D＋…（熱が入ってくる）

□ ❶ 次の文の（　　）に当てはまる記号を書きなさい。
㋐，㋑のうち，温度が上がる反応は（①　　　　）で，温度が下がる反応は（②　　　　）である。

□ ❷ ①～⑤で起こる化学変化は，熱の出入りで考えると㋐，㋑のどちらに当てはまるか。
① 都市ガスを燃焼させると，二酸化炭素と水ができた。（　　　　）
② 液体水素と液体酸素を使った燃料で，ロケットを発射させた。（　　　　）
③ 鉄粉と活性炭を混ぜたものに，食塩水をたらした。（　　　　）
④ うすい塩酸に，マグネシウムリボンを入れた。（　　　　）
⑤ 水酸化バリウムと塩化アンモニウムを混ぜた。（　　　　）

□ ❸ 温度が上がる反応，温度が下がる反応を，それぞれ何というか。
温度が上がる反応（　　　　　　）　温度が下がる反応（　　　　　　）

ヒント ❺❸質量保存（しつりょうほぞん）の法則（ほうそく）から，質量の増加分は，結びついた酸素の質量にあたると考えます。

Step 3 予想テスト　単元1 化学変化と原子・分子

30分　／100点　目標 70点

❶ 図のような装置で，炭酸水素ナトリウムを熱すると，気体が発生し，試験管の中には白い固体の物質が残った。次の問いに答えなさい。 技

□ ❶ 初めのうちに出てきた気体は使わない。その理由を簡単に説明しなさい。

□ ❷ 気体を集めた試験管に石灰水を入れてよくふると，石灰水の色はどう変化するか。

□ ❸ ❷の結果から，発生した気体は何とわかるか。

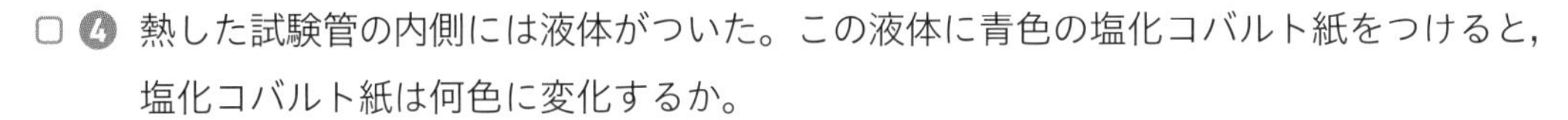

□ ❹ 熱した試験管の内側には液体がついた。この液体に青色の塩化コバルト紙をつけると，塩化コバルト紙は何色に変化するか。

□ ❺ ❹の結果から，熱した試験管の内側についた液体は何とわかるか。

□ ❻ 加熱前の炭酸水素ナトリウムは，水に少しとけ，弱いアルカリ性を示したが，加熱後の白い物質は水によくとけ，強いアルカリ性を示した。このことから，加熱後に残った白い固体は何か。

□ ❼ この実験では，ガスバーナーの火を消す前にガラス管の先を水中から出さなければならない。その理由を簡単に説明しなさい。

❷ 次のような実験について，後の問いに答えなさい。 思

実験 図のように，鉄粉7.0 gと硫黄の粉末4.0 gをよく混ぜ合わせたものを，アルミニウムはくの筒につめた。筒 a は一端をガスバーナーで熱し，筒が赤くなったらすばやく砂皿の上に置き，ようすを観察した。筒 b はそのままにしておいた。

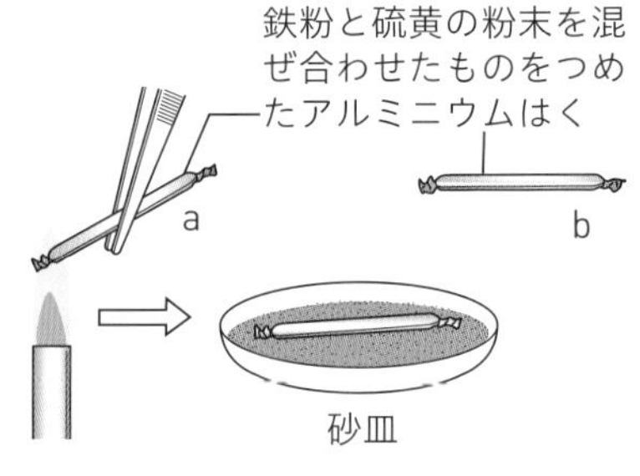

□ ❶ 砂皿の上に置いた筒 a のようすはどうなるか。㋐～㋒から選び，記号で答えなさい。

㋐ 加熱をやめたと同時に反応も止まった。

㋑ 加熱をやめたと同時に反応も止まったが，しばらくすると再び，反応が始まった。

㋒ 加熱をやめてもそのまま反応は進んだ。

□ ❷ 筒 a を加熱後，筒 a，b それぞれに磁石を近づけた。磁石に強く引き寄せられたのは，a，b どちらか。

□ ❸ 実験後の筒a，bの物質の一部を試験管に入れ，うすい塩酸を加えたところ，それぞれから気体が発生した。a，bから発生した気体を，それぞれ㋐〜㋔から選び，記号で答えなさい。

㋐水素　㋑酸素　㋒窒素　㋓硫化水素　㋔二酸化炭素

❸ 次のような実験について，後の問いに答えなさい。思

実験 図のような装置を使い，酸化銅1.3 gと炭素粉末0.1 gを混ぜ合わせ，試験管に入れ加熱した。ガラス管の先にある石灰水が白くにごった。

酸化銅と炭素粉末の混合物
石灰水

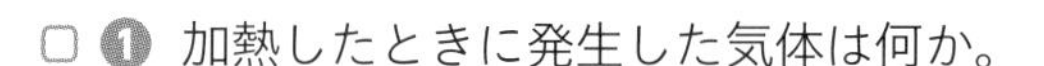

□ ❶ 加熱したときに発生した気体は何か。

□ ❷ 加熱後に試験管に残った物質は何色か。

□ ❸ ❷の物質の質量はどうなっていると考えられるか。㋐〜㋒から選び，記号で答えなさい。

㋐1.4 gよりふえている。　㋑1.4 g　㋒1.4 gより減っている。

□ ❹ ❷の物質は何か。

□ ❺ この実験で起きた化学変化を右のような模式図で表した。①，②には物質の化学式を，③，④には化学変化の種類を表す語句を書きなさい。

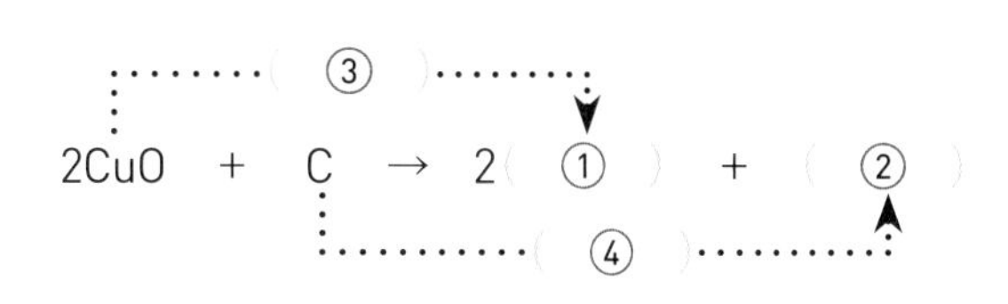

❹ 図のように，密閉された容器の中で，うすい塩酸と炭酸水素ナトリウムを反応させ，反応前と反応後の全体の質量をはかって比べた。次の問いに答えなさい。思

ふた
プラスチックの容器
うすい塩酸
炭酸水素ナトリウム

□ ❶ この反応で発生する気体は何か。

□ ❷ 反応前と反応後の全体の質量にはどのような関係があるか。

□ ❸ ❷の関係を示した法則を，何というか。

□ ❹ 反応後，容器のふたをゆるめて，再び閉じると，全体の質量はどうなったか。

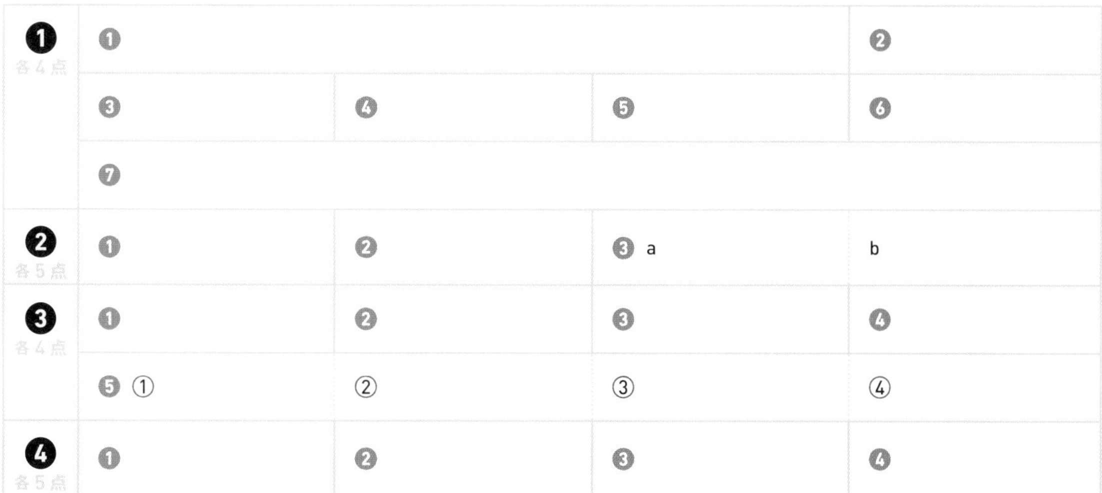

❶ 各4点	❶			❷
	❸	❹	❺	❻
	❼			
❷ 各5点	❶	❷	❸ a	b
❸ 各4点	❶	❷	❸	❹
	❺ ①	②	③	④
❹ 各5点	❶	❷	❸	❹

❶ ／28点　❷ ／20点　❸ ／32点　❹ ／20点

[解答▶p.5-6]

Step 1 基本チェック　第1章 生物と細胞

10分

赤シートを使って答えよう！

❶ 水中の小さな生物 ▶ 教 p.92-95

□ 池などの中にいる小さな生物は，[顕微鏡]を使って観察するとよい。

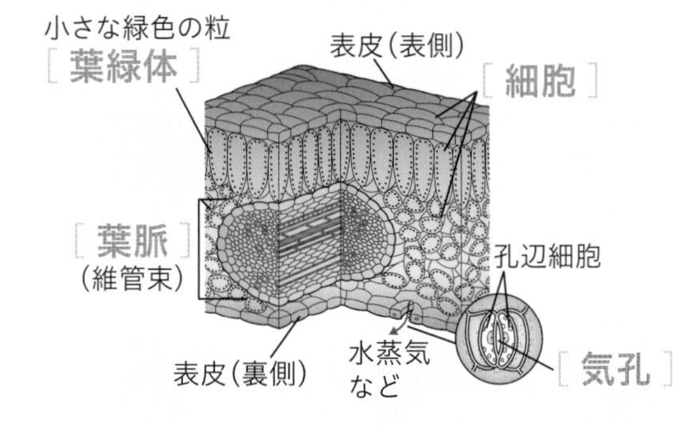

□ 葉のつくり

❷ 植物の細胞 ▶ 教 p.96-99

□ 顕微鏡で植物の葉を観察したときに見られる，四角い小さな部屋のようなものを [細胞] という。

□ 植物の細胞に見られる，緑色の粒を [葉緑体]，[酢酸オルセイン] や酢酸カーミンで赤く染まるまるいものを [核]，無色で透明なふくろ状のものを [液胞] という。

□ 植物の葉の裏側の表皮には，三日月形の [孔辺] 細胞が2つ向かい合わせに並んでいるところがあり，この2つの細胞に囲まれたすきまを [気孔] という。

□ 葉脈には管のようなものが集まっていて，この管の集まりを [維管束] という。

□ 植物の細胞は，外側を [細胞壁] が囲み，その内側に [細胞膜] がある。

❸ 動物の細胞 ▶ 教 p.100-103

□ 細胞膜と，その内側で核以外の部分を [細胞質] という。

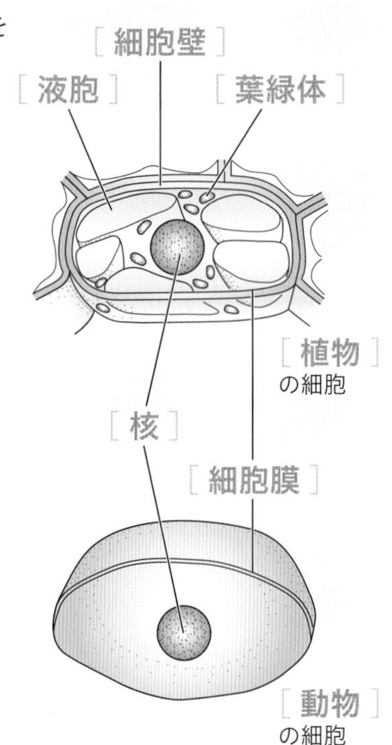

□ 細胞のつくり

❹ 生物のからだと細胞 ▶ 教 p.104-108

□ 生物には，からだが1つの細胞でできている [単細胞生物] と，多数の細胞からできている [多細胞生物] がいる。

□ 多細胞生物のからだの中では，形やはたらきが同じ細胞が集まって [組織] をつくる。

□ いくつかの組織が集まって1つのまとまった形となり，特定のはたらきをする部分を [器官] とよび，これがいくつか集まって [個体] がつくられる。

テストに出る　植物の細胞と動物の細胞のちがいを問われることが多いので，理解しておこう。

Step 2 予想問題　第1章 生物と細胞

【水中の小さな生物】

❶ 図は，池にすむ小さな生物を顕微鏡で観察し，スケッチしたものである。次の問いに答えなさい。

A　B　C　D

□ ❶ A～Dの生物名を答えなさい。

A (　　　　　)　B (　　　　　)

C (　　　　　)　D (　　　　　)

□ ❷ 緑色をしている生物をA～Dから全て選び，記号で答えなさい。

(　　　　　)

【葉のつくり】

❷ 図は，ツバキの葉の断面を模式的に表したものである。次の問いに答えなさい。

□ ❶ Aは，葉の表面に見られる筋である。この筋のようなつくりを何というか。

(　　　　　)

□ ❷ アは三日月形の細胞が向かい合わせに並んでいる。アの細胞を何というか。(　　　　　)

□ ❸ アの細胞で囲まれたすきまBを何というか。(　　　　　)

□ ❹ 葉の裏側と考えられるのは，a，bのどちらか。(　　　　　)

【植物と動物の細胞のつくり】

❸ 図は，植物の細胞と動物の細胞を模式的に示したものである。次の問いに答えなさい。

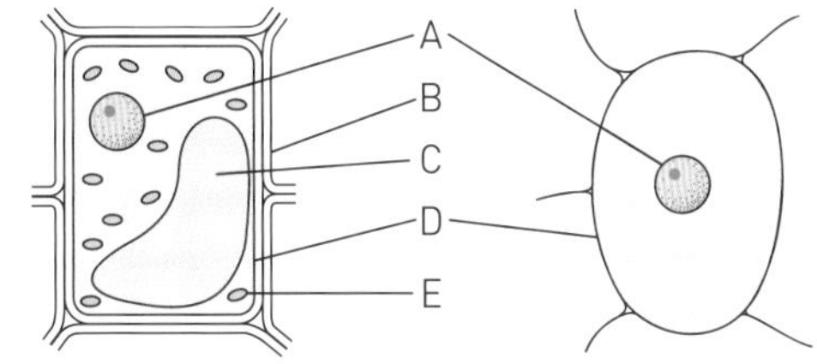
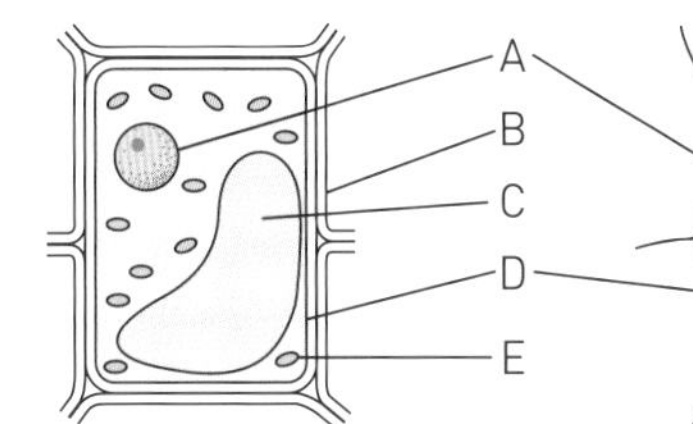

□ ❶ A～Eを何というか。

A (　　　　　)　B (　　　　　)

C (　　　　　)　D (　　　　　)

E (　　　　　)

□ ❷ 植物の細胞の特徴的なつくりをA～Eから全て選び，記号で答えなさい。

(　　　　　)

ヒント ❷❹葉の表側は細胞がすきまなく並び，裏側は細胞と細胞の間にすきまがあります。

【細胞の観察】

❹ オオカナダモの葉の裏側の表皮を切りとって，染色(せんしょく)したものと，染色しないものの，2つのプレパラートをつくって細胞を観察した。次の問いに答えなさい。

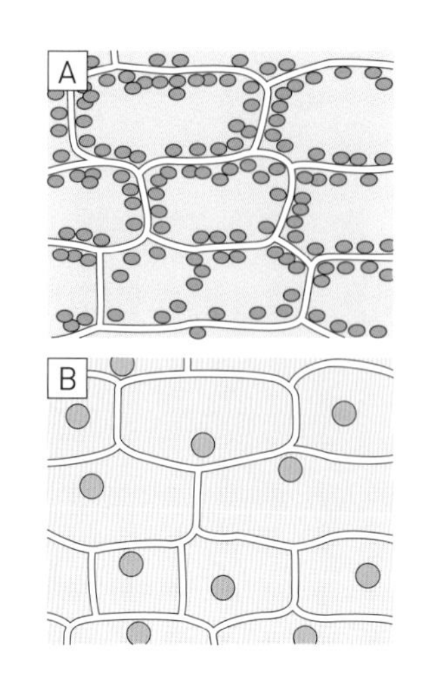

□ ❶ 染色液(せんしょくえき)には何を使えばよいか。㋐～㋓から選び，記号で答えなさい。（　　　）

㋐ エタノール　　㋑ 過酸化水素水
㋒ 硝酸銀水溶液　　㋓ 酢酸(さくさん)カーミン

□ ❷ ❶の染色液によってよく染まるのは，細胞の中の何というつくりか。（　　　）

□ ❸ 図のA，Bのうち，染色したオオカナダモの葉の細胞を示したのはどちらか。（　　　）

□ ❹ オオカナダモの葉を染色せずに顕微鏡(けんびきょう)で観察すると，細胞の中に多数見られる緑色の小さな粒は何か。（　　　）

【多細胞生物(たさいぼうせいぶつ)のなり立ち】

❺ 図は，植物や動物（ヒト）に見られる細胞や細胞の集まりなどを示したものである。次の問いに答えなさい。

a（表皮細胞）　㋐
b（筋細胞）　㋑
c　㋒　㋓
d
e

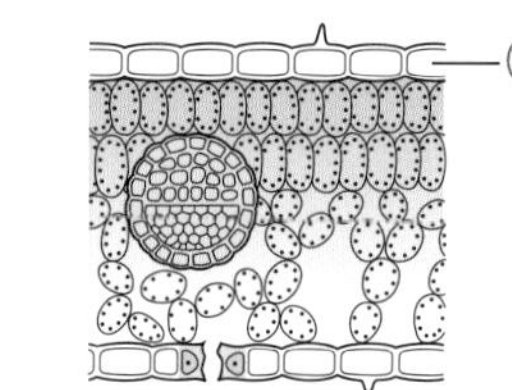

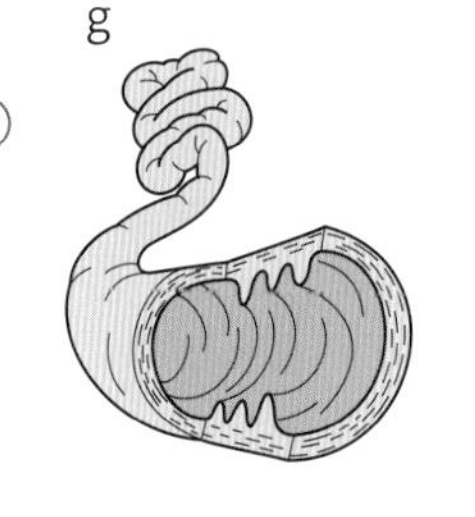

h

□ ❶ 植物の細胞，組(そ)織(しき)，器官(きかん)，個体(こたい)を，それぞれa～hから選び，記号で答えなさい。

細胞（　　　）　組織（　　　）　器官（　　　）　個体（　　　）

□ ❷ 動物の細胞，組織，器官，個体を，それぞれa～hから選び，記号で答えなさい。

細胞（　　　）　組織（　　　）　器官（　　　）　個体（　　　）

□ ❸ ㋐を何というか。（　　　）

□ ❹ 上皮組織(じょうひそしき)を示しているものを㋑～㋔から選び，記号で答えなさい。（　　　）

ヒント ❺ 組織が集まって器官になります。

Step 1 基本チェック　第2章 植物のからだのつくりとはたらき(1)

10分

赤シートを使って答えよう！

❶ 葉と光合成

▶ 教 p.110-113

- □ 植物が光を受けてデンプンなどの養分をつくるはたらきを，［光合成（こうごうせい）］という。
- □ ふ入りの葉に光を当てると，葉の緑色の部分だけがヨウ素液と反応して［青紫（あおむらさき）］色になる。
- □ 光合成は，葉の細胞（さいぼう）の中にある［葉緑体（ようりょくたい）］で行われている。
- □ 本実験に対して，影響（えいきょう）を知りたい条件以外を同じにして行う実験のことを，［対照実験（たいしょう）］という。
- □ 水中の植物に光を当てると泡（あわ）が出てきて，その気体に火をつけた線香（せんこう）を近づけると激しく燃えることから，［酸素］が発生したことがわかる。

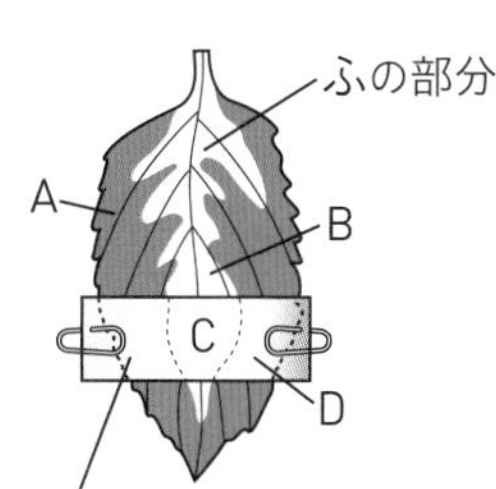

葉の一部をアルミニウムはくでおおって一晩置き，翌日じゅうぶんに光を当てた。その葉をヨウ素液にひたしたとき，青紫色になったのはA～Dのうち［A］である。

□ **ふ入りの葉を使った光合成の実験**

緑色と緑色でない部分がまだらになっている葉のことを「ふ入りの葉」というよ。

❷ 光合成に必要なもの

▶ 教 p.114-117

- □ 光が当たって植物の葉が光合成を行うとき，葉の裏に多く存在する気孔（きこう）からとりこまれる［二酸化炭素］と，根から吸い上げられた［水］が使われている。
- □ 光合成が行われると，［デンプン］などの有機物と，［酸素］がつくられる。

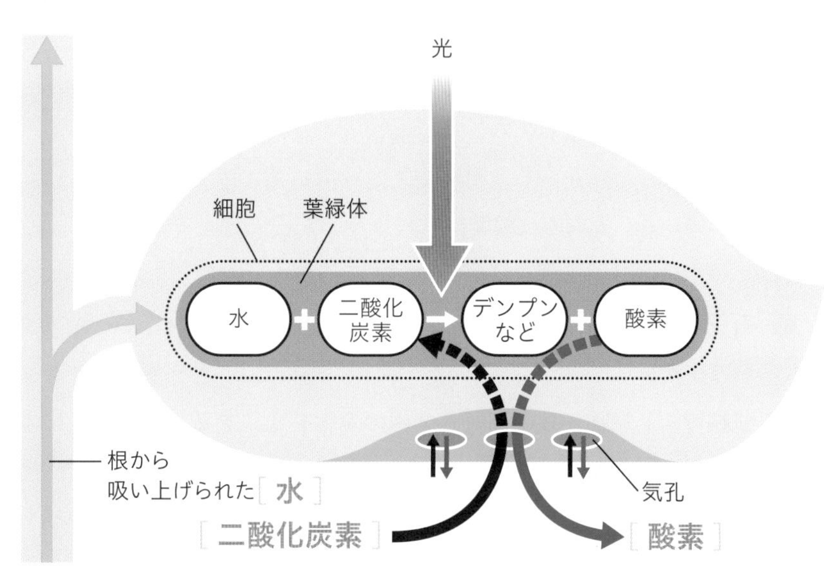

□ **光合成のしくみ**

テストに出る　光合成に必要なものを調べる実験は出題されやすいので，しっかり理解しておこう。

Step 2 予想問題

第2章 植物のからだのつくりとはたらき(1)

【光合成が行われる場所】

❶ 図のように，オオカナダモを入れた水槽を2つ用意し，Aは日光をよく当て，Bは1日暗いところに置いた。A，Bのオオカナダモの葉をとり，脱色してからヨウ素液をたらして顕微鏡で観察した。次の問いに答えなさい。

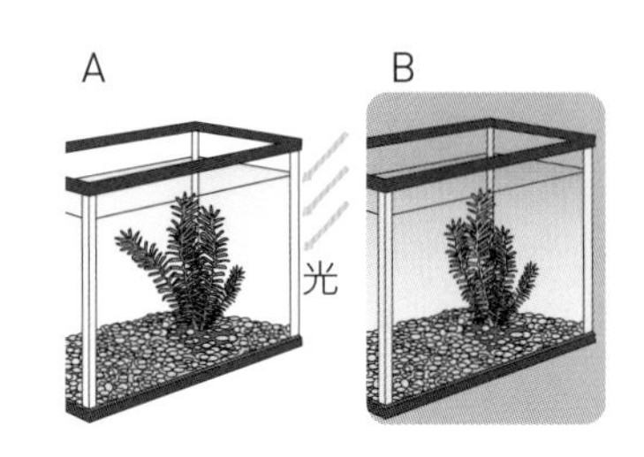

□ ❶ オオカナダモの葉を脱色するとき，あたためたエタノールの中に入れた。このとき，エタノールは火で直接加熱してはいけない。これはなぜか。
(　　　　　　　　　　)

□ ❷ オオカナダモの葉の細胞を顕微鏡で観察したとき，ヨウ素液で青紫色に変化した粒が見えた。これはA，Bのどちらか。(　　　)

□ ❸ ❷で，青紫色になった部分を何というか。(　　　　　)

□ ❹ ❸で答えた部分には何ができていることがわかるか。(　　　　　)

□ ❺ Aの水槽のオオカナダモからは，泡が出ていた。この気体は何か。㋐～㋓から1つ選び，記号で答えなさい。(　　　)

㋐ 二酸化炭素　㋑ 酸素　㋒ 水素　㋓ 窒素

【光合成の実験】

❷ 次の実験を行った。後の問いに答えなさい。

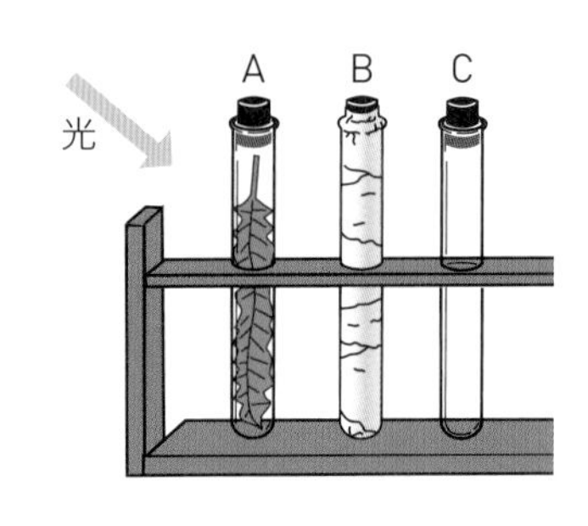

実験 図のように，3本の試験管A～Cのうち，AとBにタンポポの葉を入れた。試験管A～Cに息をふきこんだ後，ゴム栓でふたをし，試験管Bにはアルミニウムはくを巻いた。3本の試験管に，じゅうぶん日光を当てた後，それぞれの試験管に石灰水を入れてよくふった。

□ ❶ 石灰水の色が白くにごったのは，どの試験管か。A～Cから全て選び，記号で答えなさい。(　　　　)

□ ❷ 試験管Aと試験管Bの石灰水の色の変化を比較すると，光合成によって何が使われたとわかるか。(　　　　　)

□ ❸ 試験管Cは，石灰水の変化がタンポポのはたらきによることを明らかにするためである。このような実験を何というか。(　　　　　)

ヒント ❷ 試験管Aと試験管Bのちがいは，日光に当たったか，当たっていないか，です。

Step 1 基本チェック

第2章 植物のからだのつくりとはたらき(2)

10分

赤シートを使って答えよう！

❸ 植物と呼吸

▶ 教 p.118-119

- □ 動物も植物も，［呼吸］によって，空気中の酸素をとり入れ，二酸化炭素を出している。
- □ 光合成(こうごうせい)と呼吸のうち，［光合成］は光の当たっている昼だけ行われているが，［呼吸］は昼も夜も行われている。
- □ 昼は，呼吸で放出される二酸化炭素よりも光合成で吸収される二酸化炭素の方が多く，呼吸で使用する酸素よりも光合成で放出される酸素の方が多い。よって，見かけのうえでは，昼は植物から［二酸化炭素］は放出されず，［酸素］のみが放出されているように見える。

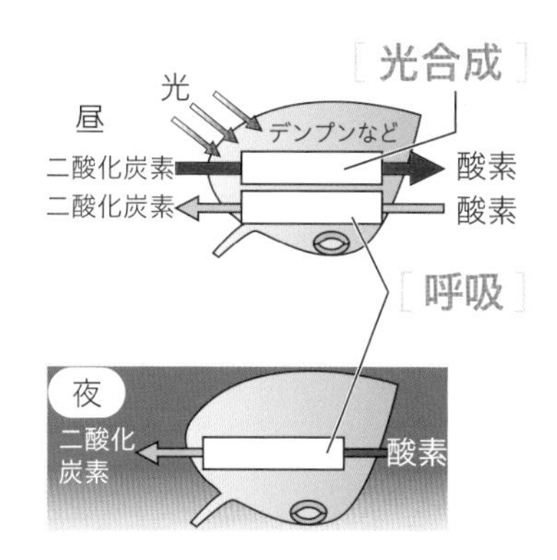

□ 植物の呼吸と光合成

❹ 植物と水

▶ 教 p.120-123

- □ 植物が水を吸い上げることを［吸水(きゅうすい)］という。
- □ 植物の根から吸い上げられた水が気孔(きこう)などから水蒸気になって出ていくことを［蒸散(じょうさん)］といい，主に気孔の数が多い葉の［裏］側でさかんに行われる。

❺ 水の通り道

▶ 教 p.124-128

- □ 根・茎(くき)・葉には維管束(いかんそく)があり，根から吸収された水や，水にとけた肥料分が通る［道管(どうかん)］と，葉でつくられた養分が，水にとけやすい物質に変えられた後に通る［師管(しかん)］がある。
- □ 根を拡大してみると見られる，綿毛のようなものを［根毛(こんもう)］といい，根の表面積を広げ，多くの水や水にとけた肥料分をとりこんでいる。
- □ 維管束は，トウモロコシなどの単子葉類(たんしようるい)では全体に散らばっているが，ヒマワリなどの双子葉類(そうしようるい)では周辺部に［輪］の形に並んでいる。

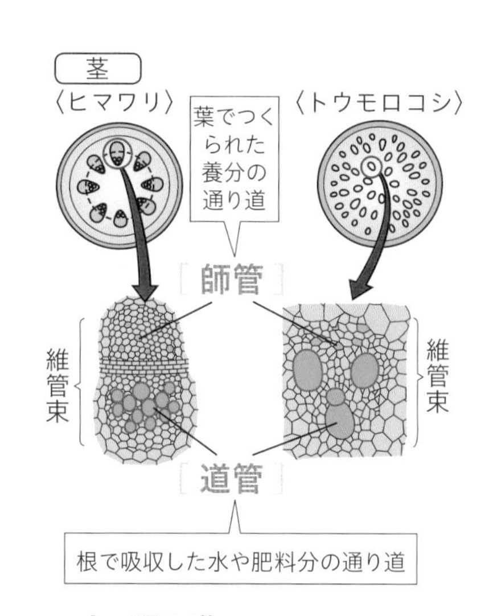

□ 水の通り道

テストに出る　蒸散に関する問題では，蒸散の量を求める計算問題も出題されることがあるので，慣れておこう。

Step 2 予想問題　第2章 植物のからだのつくりとはたらき(2)

30分
(1ページ10分)

【植物の呼吸】

❶ 次の実験を行った。後の問いに答えなさい。

実験　図1のようにポリエチレンのふくろA～Cのうち，AとBに新鮮(しんせん)な葉を，Cには空気だけをそれぞれ入れて密閉した。Aは明るいところに，BとCは暗いところに置いた。2～3時間後，3つのふくろの中の空気をそれぞれ石灰水(せっかいすい)に通した。

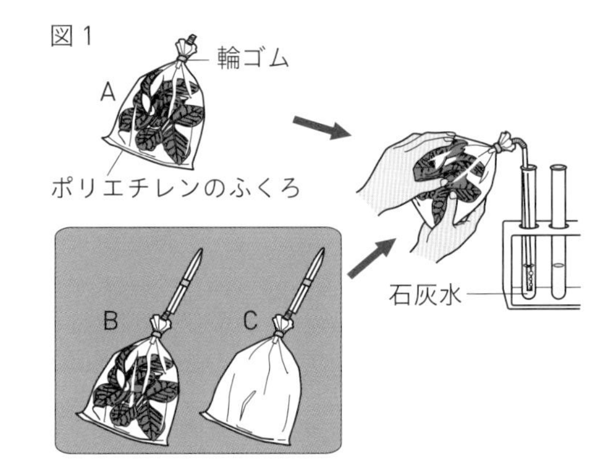

□ ❶ 石灰水が白くにごるものを，A～Cから選び，記号で答えなさい。（　　）

□ ❷ 図2は，植物に出入りする気体のようすの模式図である。図の青い矢印が表している気体は何か。（　　）

□ ❸ 図2のAとBは，それぞれ植物の何というはたらきを表しているか。
A（　　）　B（　　）

□ ❹ 夜の状態を表しているのは，㋐と㋑のどちらか。（　　）

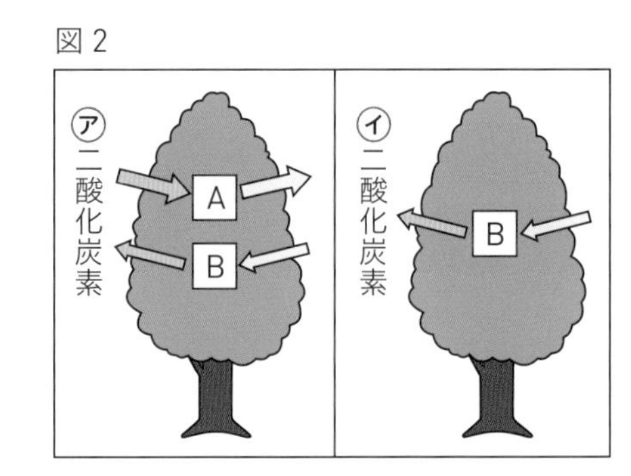

【葉の表面】

❷ 図は，ツバキの葉の表面の一部を顕微鏡(けんびきょう)で観察したものである。次の問いに答えなさい。

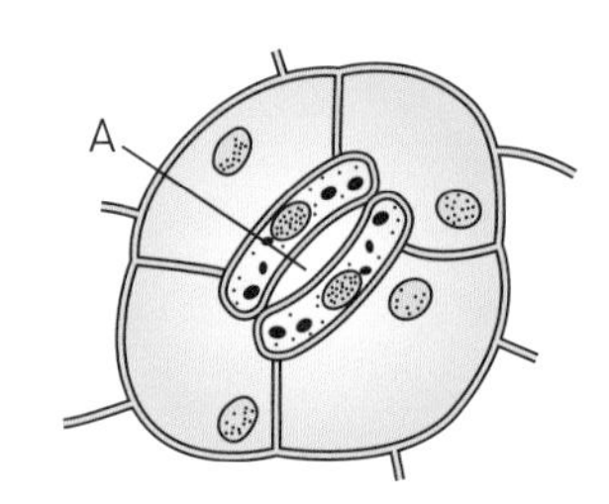

□ ❶ Aで示した細胞(さいぼう)のすきまの部分を何というか。（　　）

□ ❷ Aのすきまは，葉の表側と裏側のどちら側に多く見られるか。（　　）

□ ❸ Aのすきまを囲んでいる三日月形(みかづきがた)の細胞を何というか。（　　）

□ ❹ Aのすきまから，植物の中の水が水蒸気として出ていくことを何というか。（　　）

□ ❺ Aのすきまは，ふつう，昼に開き，夜に閉じている。❹のはたらきがさかんになるのは，昼と夜のどちらか。（　　）

ミスに注意　❶❸❹明るいところでは，光合成(こうごうせい)と呼吸の両方が行われます。

【蒸散（じょうさん）】

❸ 次の実験を行った。後の問いに答えなさい。

実験 同じような大きさの葉が同じ枚数ついた枝を4本用意し，図のように処理をして，水を入れた水槽の中で，空気が入らないように茎（くき）をシリコンチューブにさし，20分後に減った水の量を調べた。

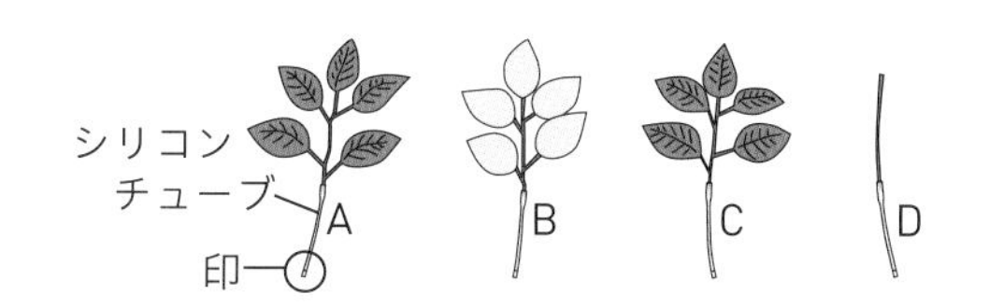

□ ❶ A，B，C，Dそれぞれのシリコンチューブ内の水の減少量を，a，b，c，dとする。

① このとき，a－bの値は何を表すか。

（　　　　　　　　　　　）

② 水の減少量が多い方から順に，a，b，c，dを並べなさい。

（　　　→　　　→　　　→　　　）

□ ❷ 実験から，葉の裏側からの蒸散量は，葉の表側からの蒸散量より多かった。これはなぜか。その理由を書きなさい。

（　　　　　　　　　　　　　　　　　　）

【水の通り道】

❹ 図のように，ヒマワリの茎を切って赤インクで着色した水の中にさし，2～3時間水を吸わせて，茎の断面を観察した。次の問いに答えなさい。

□ ❶ 茎の断面で赤く染まった部分は，何という部分か。

（　　　　　）

□ ❷ 茎の縦断面のようすを正しく表したものを，㋐～㋓から1つ選び，記号で答えなさい。（　　　）

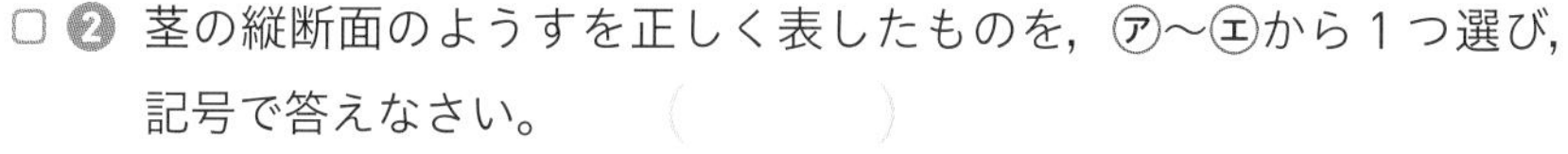

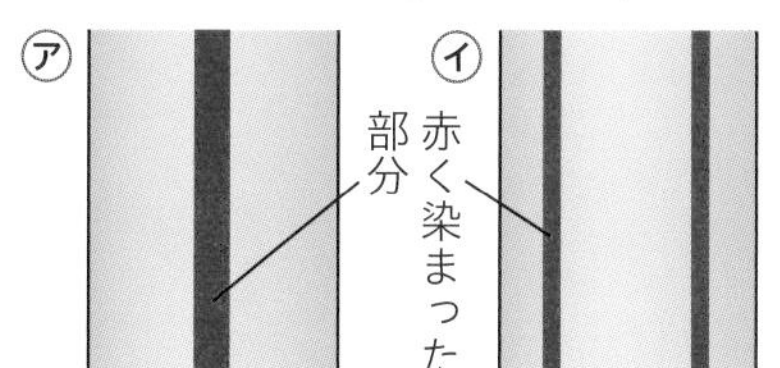

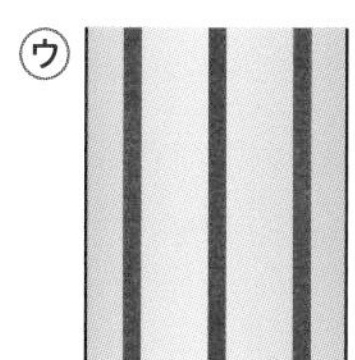

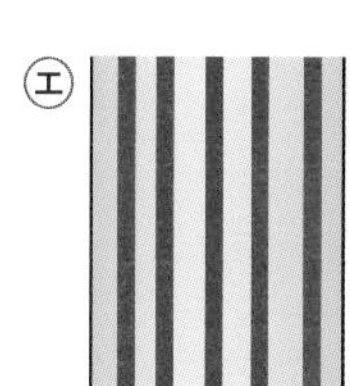

□ ❸ トウモロコシの茎を同じようにして観察した場合，茎の縦断面のようすはどうなるか。❷の㋐～㋓から1つ選び，記号で答えなさい。（　　　）

ヒント ❸ ワセリンをぬったところでは，ほとんど蒸散が行われません。

【 茎のつくり 】

❺ 図は，ヒマワリの茎の断面と，その一部を拡大した模式図である。次の問いに答えなさい。

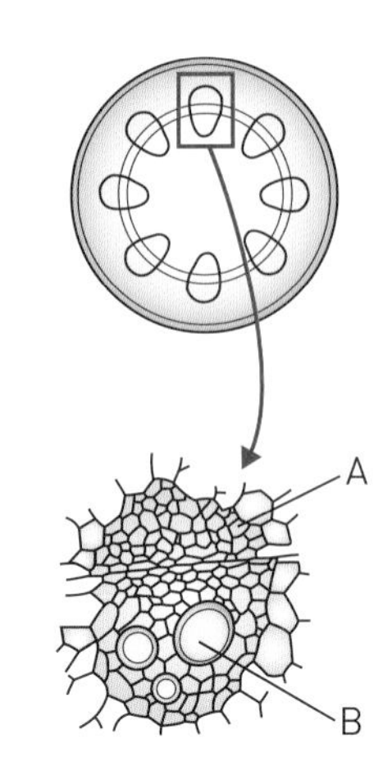

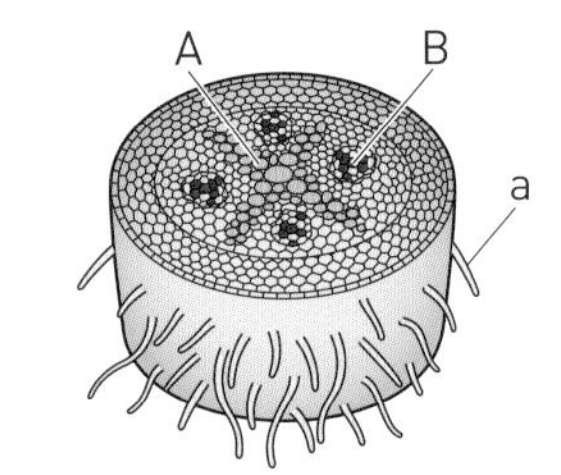

□ ❶ A，Bの管(くだ)を何というか。

A（　　　　）　B（　　　　）

□ ❷ 次の文が示す管は，A，Bのどちらか。

①葉でつくられた養分が通る管（　　　　）

②根から吸収された水や，水にとけた肥料分が通る管

（　　　　）

【 根のつくり 】

❻ 図は，根の断面を示したものである。次の問いに答えなさい。

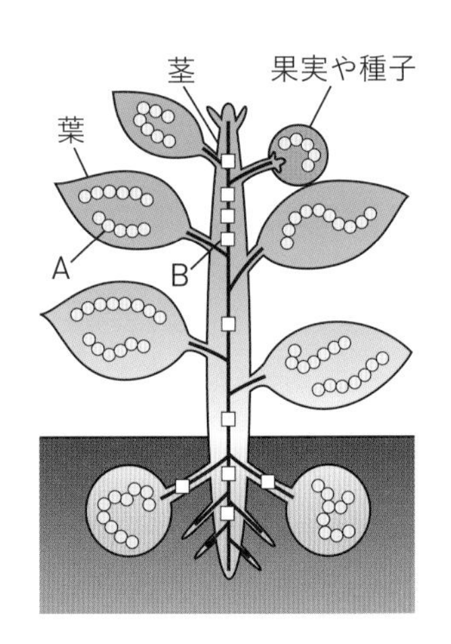

□ ❶ aを何というか。（　　　　）

□ ❷ aから吸収されるものを，㋐～㋔から2つ選び，記号で答えなさい。

（　　　　）

㋐水　㋑二酸化炭素　㋒酸素

㋓デンプン　㋔水にとけた肥料分

□ ❸ aから吸収されたものは，A，Bのどちらの管を通って茎や葉に運ばれるか。

（　　　　）

【 根，茎，葉のつながり 】

❼ 図は，植物のつくりとはたらきの模式図である。次の問いに答えなさい。

□ ❶ 主に葉でつくられた養分であるAを何というか。

（　　　　）

□ ❷ BはAが変化したもので，植物のからだ全体を移動する。Aと比較したときのBの物質の特徴(とくちょう)を答えなさい。

（　　　　）

□ ❸ Bは根，茎，葉の中にある，何という管を通って移動するか。

（　　　　）

ヒント ❼ 光合成によってつくられた養分と，根から吸い上げられた水は，それぞれ別の管を通ります。

Step 1 基本チェック　第3章 動物のからだのつくりとはたらき(1)

10分

赤シートを使って答えよう！

❶ 消化のしくみ　▶ 教 p.130-135

- □ 体内で，食物を吸収(きゅうしゅう)されやすい物質に分解することを［消化(しょうか)］という。
- □ 消化液(しょうかえき)にふくまれる［消化酵素(しょうかこうそ)］は，食物を分解し，吸収されやすい物質にする。
- □ デンプンは，だ液などにふくまれる消化酵素である［アミラーゼ］のはたらきで，最終的に［ブドウ糖］に分解される。
- □ タンパク質は，胃液中の［ペプシン］とすい液中のトリプシンなどのはたらきで［アミノ酸］に分解される。
- □ 脂肪(しぼう)は，胆(たん)のうから出される胆汁(たんじゅう)や，すい液中のリパーゼのはたらきで［脂肪酸(しぼうさん)］とモノグリセリドに分解される。

❷ 吸収のしくみ　▶ 教 p.136-137

- □ 消化によって分解された物質の多くは，小腸のかべから［吸収］される。
- □ 小腸のかべの表面にはたくさんの［柔毛(じゅうもう)］があり，そこから吸収されたブドウ糖とアミノ酸は［毛細血管(もうさいけっかん)］へ入り，脂肪酸とモノグリセリドは再び脂肪になって［リンパ管］へ入る。

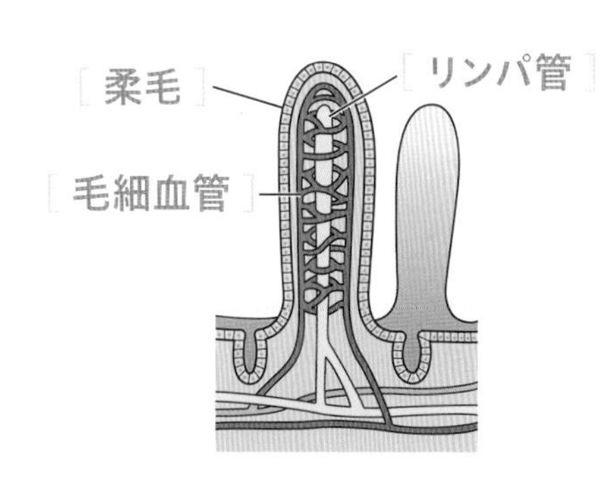

□ 小腸の内側のかべ

❸ 呼吸のはたらき　▶ 教 p.138-139

- □ 酸素を多くふくみ，二酸化炭素の少ない血液を［動脈血(どうみゃくけつ)］という。
- □ 酸素が少なくなり，二酸化炭素を多くふくむ血液を［静脈血(じょうみゃくけつ)］という。
- □ 細胞(さいぼう)による呼吸(こきゅう)では，［酸素］を使って養分からエネルギーがとり出される。このとき，［二酸化炭素］と水ができる。

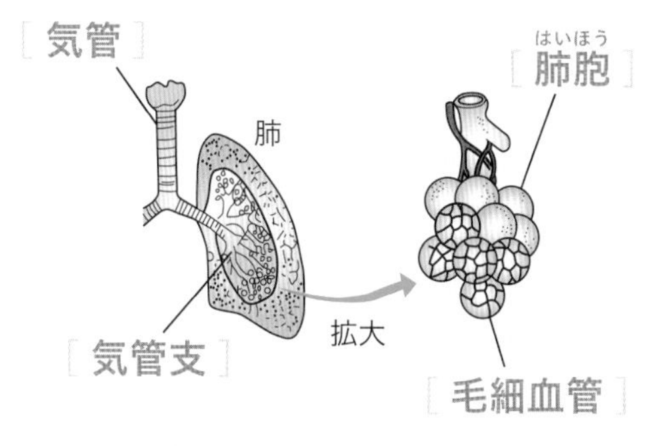

□ ヒトの肺のつくり

テストに出る　だ液のはたらきに関する実験はよく出題されるので，ヨウ素液やベネジクト液によって反応する物質や反応の色について，しっかり理解しておこう。

Step 2 予想問題　第3章 動物のからだのつくりとはたらき(1)

30分 (1ページ10分)

【ヒトの消化にかかわる器官】

❶ 図は，ヒトの消化にかかわる器官を表したものである。次の問いに答えなさい。

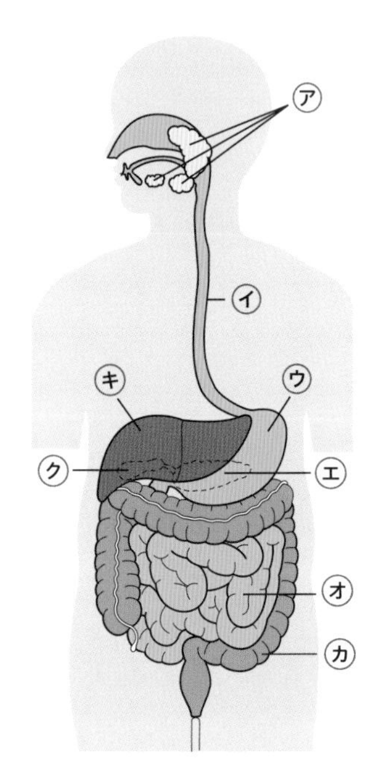

□ ❶ ㋐～㋗を何というか。

㋐(　　　)　㋑(　　　)
㋒(　　　)　㋓(　　　)
㋔(　　　)　㋕(　　　)
㋖(　　　)　㋗(　　　)

□ ❷ 食物が通らない器官を，㋐～㋗から4つ選び，記号で答えなさい。(　　　)

□ ❸ デンプンが最初に消化される消化液を出すところを，㋐～㋗から選び，記号で答えなさい。(　　　)

□ ❹ ㋓から出る消化液を何というか。(　　　)

□ ❺ 消化液にふくまれる，食物を消化するはたらきをもつものを何というか。(　　　)

【食物の消化】

❷ 表は，各消化液などが食物中の養分A，B，Cのどれにはたらくのかを，○などで示したものである。次の問いに答えなさい。

	A	B	C
だ液	○	−	−
胃液	−	○	−
胆汁	−	−	△
a	○	○	○
小腸のかべの消化酵素	○	○	−

○消化
△消化を助ける

□ ❶ A，B，Cに当てはまる養分は何か。

A(　　　)
B(　　　)
C(　　　)

□ ❷ aの消化液を何というか。(　　　)

□ ❸ A，B，Cは消化されて，それぞれどのような物質に変えられてから，体内に吸収されるか。㋐～㋒から1つずつ選び，記号で答えなさい。

A(　　　)　B(　　　)　C(　　　)

㋐アミノ酸　㋑ブドウ糖　㋒脂肪酸とモノグリセリド

ミスに注意　❷❸消化酵素がはたらく物質は決まっています。

 [解答▶p.8-9]

【 だ液のはたらき 】

❸ ヒトのだ液のはたらきを調べるために，次の実験をした。後の問いに答えなさい。

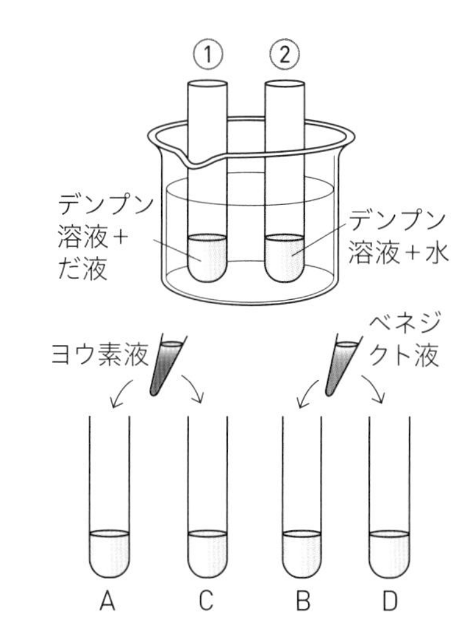

実験 同じ量のデンプン溶液（ようえき）が入った試験管①，②を用意し，①にはうすめただ液を，②には①と同じ量の水を入れてから，ⓐある温度の水に10分間つけた。次に，①の溶液を試験管A，Bに分け，②の溶液を試験管C，Dに分けてから，試験管AとCにはヨウ素液を入れて反応を調べた。試験管BとDにはベネジクト液を入れてからⓑある操作をして反応を調べた。表は，その結果を示したものである。

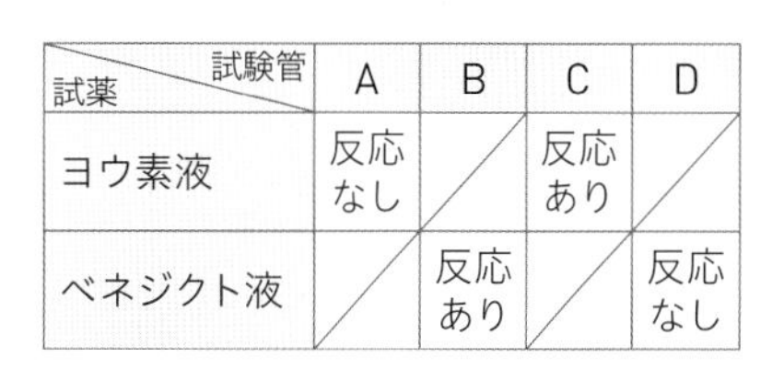

試薬＼試験管	A	B	C	D
ヨウ素液	反応なし	／	反応あり	／
ベネジクト液	／	反応あり	／	反応なし

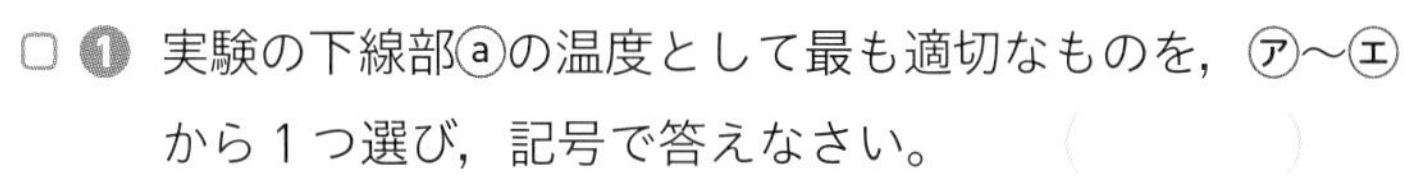

□ ❶ 実験の下線部ⓐの温度として最も適切なものを，㋐～㋓から１つ選び，記号で答えなさい。（　　　）

㋐ 約0℃　㋑ 約20℃
㋒ 約40℃　㋓ 約70℃

□ ❷ ❶で答えた温度にするのは，何の温度に近づけるためか。（　　　　　）

□ ❸ 実験の下線部ⓑのある操作とはどのような操作か。簡単に答えなさい。

（　　　　　）

□ ❹ ヨウ素液を入れたとき，試験管Cの溶液は何色に変化したか。㋐～㋓から１つ選び，記号で答えなさい。（　　　）

㋐ 赤色　㋑ 白色　㋒ 黄褐色（おうかっしょく）　㋓ 青紫色（あおむらさきいろ）

□ ❺ ベネジクト液で反応を調べたとき，試験管Bの溶液はどのように反応したか。㋐～㋓から１つ選び，記号で答えなさい。（　　　）

㋐ 白色の沈殿（ちんでん）ができた。　㋑ 赤褐色（せきかっしょく）の沈殿ができた。
㋒ 溶液が緑色になった。　㋓ 溶液が青紫色になった。

□ ❻ この実験から，だ液にはどんなはたらきがあるといえるか。

（　　　　　　　　　　　）

□ ❼ だ液中にふくまれる消化酵素は何か。（　　　　　）

ヒント ❸❶❷だ液はヒトの体内ではたらきます。

【 養分の吸収 】

❹ 図は，ヒトのある器官の内側のかべの一部を表したものである。次の問いに答えなさい。

□ ❶ 図のようなものがあるのは，からだの中の何という器官か。

（　　　　　）

□ ❷ Aはかべの表面に無数にある。Aを何というか。

（　　　　　）

□ ❸ Bの管(くだ)を何というか。（　　　　　）

□ ❹ 毛細血管(もうさいけっかん)は，消化された養分を吸収する。どのような養分を吸収するか。㋐～㋓から２つ選び，記号で答えなさい。（　　　　　）

㋐ ブドウ糖　　㋑ アミノ酸　　㋒ デンプン　　㋓ 脂肪酸

□ ❺ Aのような突起が無数にあることは，どのような点でつごうがよいか。簡単に説明しなさい。

（　　　　　　　　　　　　　　　　　　　　）

【 呼吸器官のしくみ 】

❺ 図は，ヒトの肺とその一部を拡大したものである。次の問いに答えなさい。

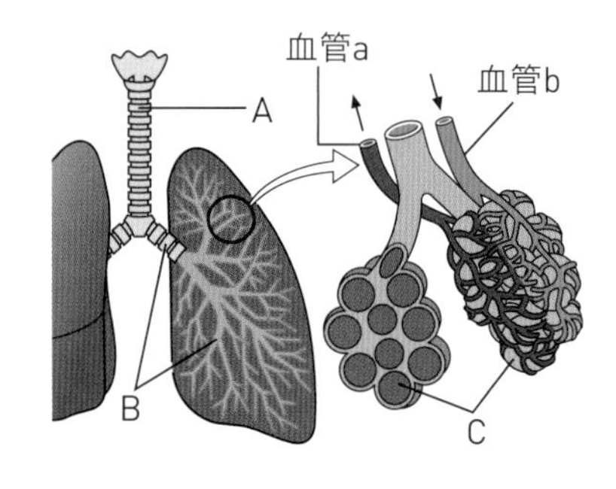

□ ❶ 鼻や口から吸いこまれた空気は，Aの管，枝分かれしたBの管を通って，最後には小さなCのふくろに入る。A，B，Cの部分を何というか。

A（　　　　　）

B（　　　　　）

C（　　　　　）

□ ❷ 図中の矢印は血液の流れる向きを表しており，血管aの中には酸素を多くふくむ血液，血管bの中には二酸化炭素を多くふくむ血液が流れている。a，bを流れる血液をそれぞれ何というか。

a（　　　　　）　b（　　　　　）

□ ❸ 肺がたくさんのCからできていることは，どのような点でつごうがよいか。簡単に説明しなさい。

（　　　　　　　　　　　　　　　　　　　　）

□ ❹ 肺で血液にとりこまれた酸素は，細胞(さいぼう)でどのように使われるか。簡単に説明しなさい。（　　　　　　　　　　　　　）

ミスに注意　❹❹デンプン，タンパク質が消化されたものと，脂肪(しぼう)が消化されたものは，それぞれ入る管がちがいます。

Step 1 基本チェック　第3章 動物のからだのつくりとはたらき(2)

10分

赤シートを使って答えよう！

❹ 血液のはたらき

▶ 教 p.140-143

□ 心臓から送り出される血液が流れる血管を［動脈］，心臓にもどる血液が流れる血管を［静脈］という。

□ 心臓から動脈を通って流れ出た血液が，［毛細血管］を通り，静脈を通って心臓にもどる一連の流れを［血液の循環］という。

□ 心臓から肺以外の全身を通って心臓にもどる血液の流れを［体循環］，心臓から肺，肺から心臓という血液の流れを［肺循環］という。

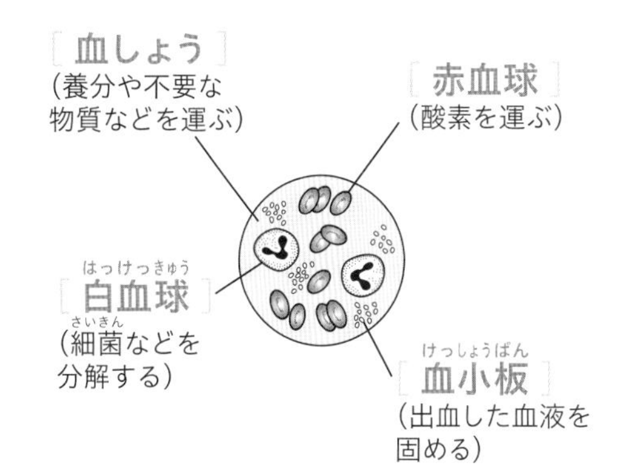

□ ヒトの血液の主な成分

□ ふつう，動脈には動脈血が，静脈には静脈血が流れているが，肺静脈には［動脈血］が，肺動脈には［静脈血］が流れている。

□ 赤血球は，［ヘモグロビン］をふくみ，酸素を運搬している。

□ 血しょうは毛細血管からしみ出て，細胞のまわりを満たす［組織液］となる。

□ 組織液を通して，養分や［酸素］が細胞に届けられ，また，細胞で不要となった［二酸化炭素］やアンモニアなども組織液にとけてから血管の中にとりこまれる。

❺ 排出のしくみ

▶ 教 p.144-145

□ 細胞のはたらきにとって有害なアンモニアは，［肝臓］で無害な［尿素］に変えられてからじん臓へ運ばれる。

□ 尿素などの不要な物質は［じん臓］で血液中からとり除かれ，［尿］として輸尿管を通り，ぼうこうに一時的にためられてから体外へ排出される。

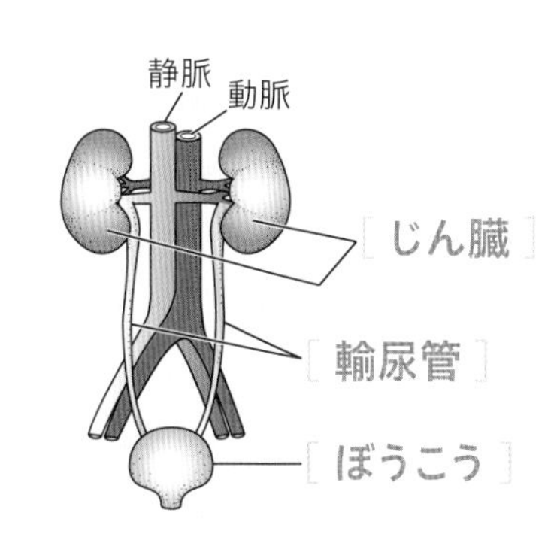

□ ヒトのじん臓のつくり

ヒトの血液の主な成分はよく出題されるので，それぞれの特徴をしっかりと理解しておこう。

Step 2 予想問題 第3章 動物のからだのつくりとはたらき(2)

【 心臓のつくり 】

❶ 図は，ヒトの心臓の模式図で，A～Dは心臓の4つの部屋を表したものである。次の問いに答えなさい。

□ ❶ A～Dのうち，血液を全身に送り出すために，最も厚い筋肉のかべに囲まれている部屋はどれか。記号と名称を答えなさい。
記号（　　　）　名称（　　　　　）

□ ❷ 血液が全身から心臓へ流れこむ血管を，a～dから選び，記号で答えなさい。（　　　）

□ ❸ 血液が心臓から肺へ流れ出る血管を，a～dから選び，記号で答えなさい。（　　　）

□ ❹ A～Dのうち，肺から心臓へ流れこんできた血液が最初に入る部屋はどれか。記号と名称を答えなさい。
記号（　　　）　名称（　　　　　）

【 血液の循環 】

❷ 図は，ヒトの血液の循環の模式図である。次の問いに答えなさい。

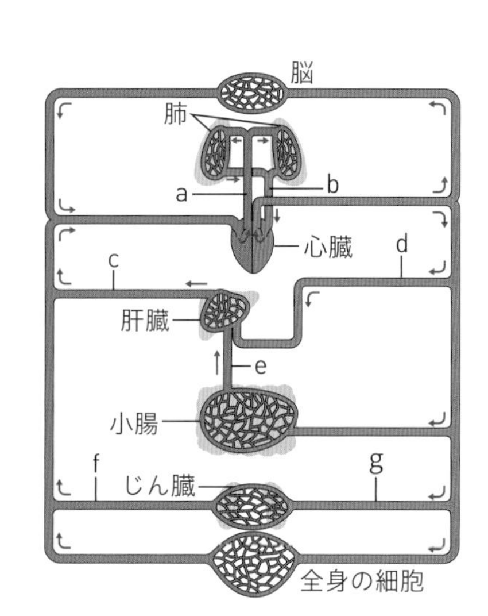

□ ❶ 心臓から送り出される血液が流れる血管は，動脈と静脈のどちらか。（　　　）

□ ❷ a，bの血管をそれぞれ何というか。
a（　　　　）　b（　　　　）

□ ❸ 酸素を多くふくむ血液を何というか。（　　　）

□ ❹ ❸の血液が流れる血管を，a～gから全て選び，記号で答えなさい。（　　　）

□ ❺ 血管には，血液の逆流を防ぐための弁がついているものがある。このような弁があるのは，動脈，静脈のどちらか。（　　　）

□ ❻ 血液が心臓から肺以外の全身を通って心臓にもどる経路を何というか。（　　　）

動脈と静脈，動脈血と静脈血のちがいはそれぞれ覚えているかな。

ミスに注意 ❷ 肺静脈には動脈血，肺動脈には静脈血が流れていることに注意しましょう。

【 血液の成分 】

❸ 図は，血液の成分を表したものである。AとBは血液中に見られる血球の成分，Cは液体の成分を表したものである。次の問いに答えなさい。

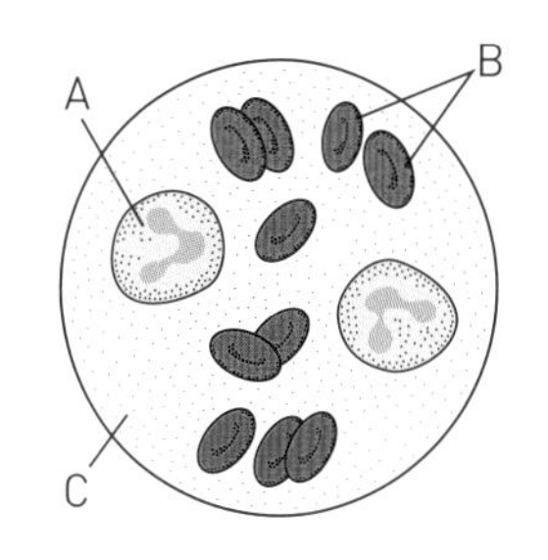

□ ❶ A～C を何というか。

A（　　　　　　）

B（　　　　　　）

C（　　　　　　）

□ ❷ 次の説明文に当てはまる成分を，A～Cからそれぞれ選び，記号で答えなさい。

①（　　　　）　②（　　　　）　③（　　　　）

① 細菌などの異物を分解して，からだを守る。

② 成分中の㋐物質が酸素と結びついて，酸素を運ぶ。

③ 養分や不要な物質などを運ぶ。

□ ❸ ❷の下線部㋐の物質は何か。（　　　　　　）

【 血液の流れの観察 】

❹ 血管の中を流れる血液のようすを調べるために，メダカを使って次の観察をした。後の問いに答えなさい。

観察 ① 図1のようにチャック付きぶくろに少量の水とメダカを入れ，顕微鏡のステージの上に，尾びれが真ん中にくるように置いて観察した。

② ①の結果，図2のように血液の流れる方向が異なる血管Aと血管Bが見え，血管の中をたくさんの小さな粒が矢印の方向に流れているのが観察された。

図1

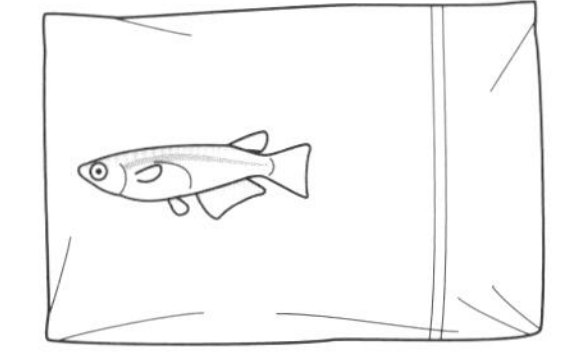

図2

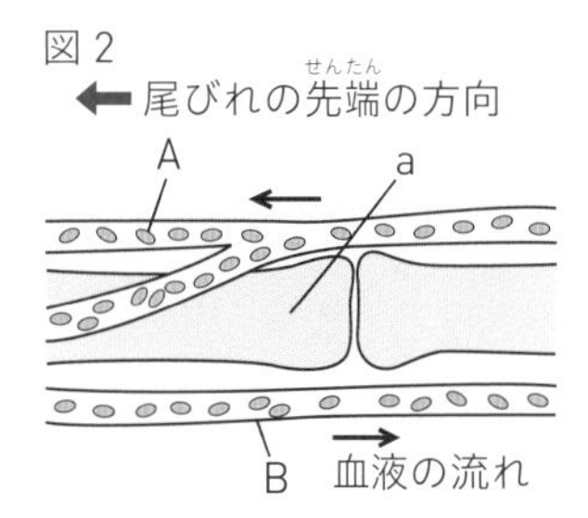

□ ❶ 図2のaはメダカのからだの組織である。この組織は何か。

（　　　　　　）

□ ❷ 血管A，Bの中を流れている小さな粒は主に何か。

（　　　　　　）

□ ❸ 血管A，Bを流れる血液で，どちらがより多くの酸素をふくんでいるか。A，Bの記号で答えなさい。（　　　　）

ヒント ❹❸酸素を多くふくむ血液（動脈血）は，心臓の方向から尾びれの先端の方向に向かって流れています。

【血液と細胞での物質の交換】

❺ 図は，ヒトの血液と細胞との間での物質の交換のようすを，模式的に表したものである。次の問いに答えなさい。

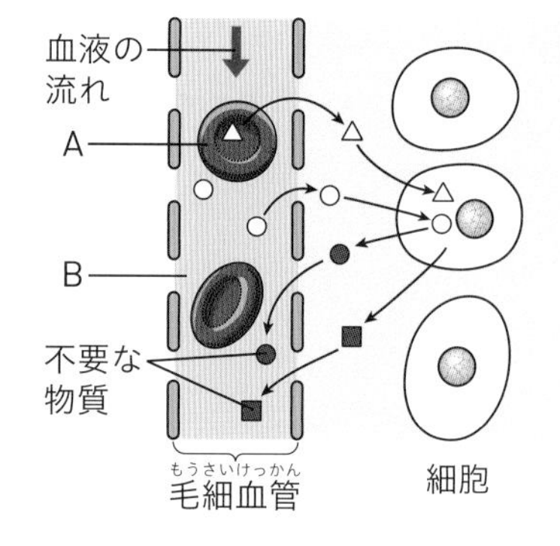

□ ❶ 図中の細胞と細胞の間を満たしている液体を何というか。

（　　　　　）

□ ❷ Aは円盤形の血液の成分であり，Bは血液の液体の成分である。△はAによって運ばれてきたものであり，○はBによって運ばれてきたものである。△と○は，それぞれ何を表しているか。

△（　　　　　）　○（　　　　　）

□ ❸ ■と●は，細胞の活動によって出される不要な物質を表している。これらの不要な物質は，A，Bのどちらの成分によって運ばれるか。また，その成分の名称を書きなさい。

記号（　　　　）　名称（　　　　　）

【不要な物質の排出】

❻ 図は，不要な物質を排出する器官を表したものである。次の問いに答えなさい。

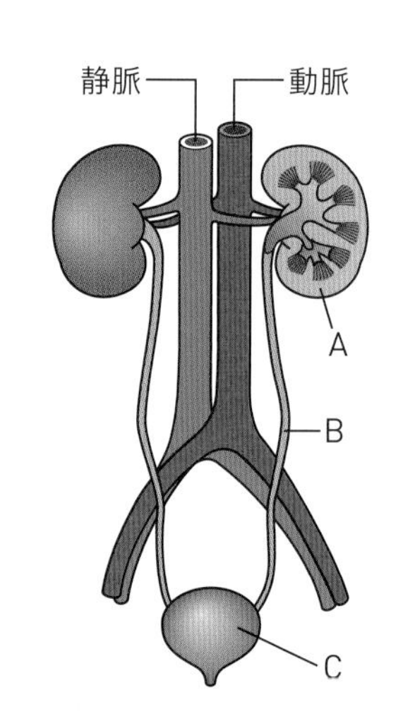

□ ❶ 細胞の活動によって，からだに有害なアンモニアができる。このアンモニアは，ある器官で無害な物質に変えられる。

①ある器官とは何か。（　　　　　）

②無害な物質とは何か。（　　　　　）

□ ❷ A～Cの部分を何というか。

A（　　　　　）

B（　　　　　）

C（　　　　　）

□ ❸ Aのはたらきを，㋐～㋒から１つ選び，記号で答えなさい。（　　　）

㋐ 血液中の養分をとり除く。

㋑ 血液中の不要な物質をとり除く。

㋒ 尿を一時ためておく。

ヒント ❺ 図のAは赤血球，Bは血しょうを表しています。

 ［解答▶p.9-10］

Step 1 基本チェック　第4章 刺激と反応

10分

赤シートを使って答えよう！

❶ 刺激と反応

▶ 教 p.150-153

□ 外界からにおいや光，音などの刺激を受けとる器官を［感覚器官］という。

□ 感覚器官には刺激を受けとる特定の細胞があり，刺激を受けとると，信号がその細胞につながっている［感覚神経］に伝わる。

□ 光の刺激を受けとる感覚器官は目である。外から入ってきた光は，［水晶体（レンズ）］を通って，［網膜］の上に像を結ぶ。

□ 音の刺激を受けとる感覚器官は耳である。音（空気の振動）は［鼓膜］を振動させ，その振動は耳小骨に伝わり，［うずまき管］へ伝えられる。

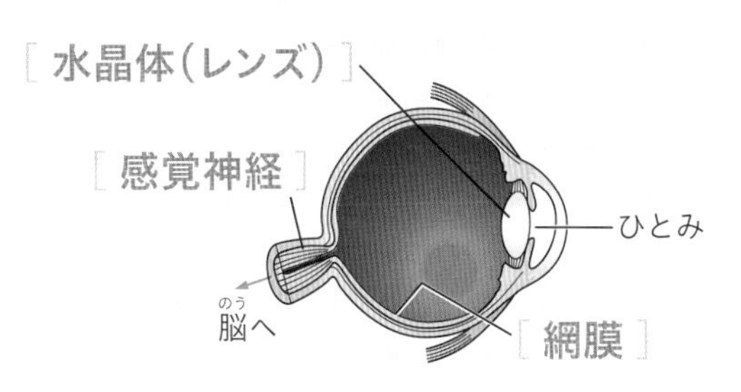

□ 目のつくり

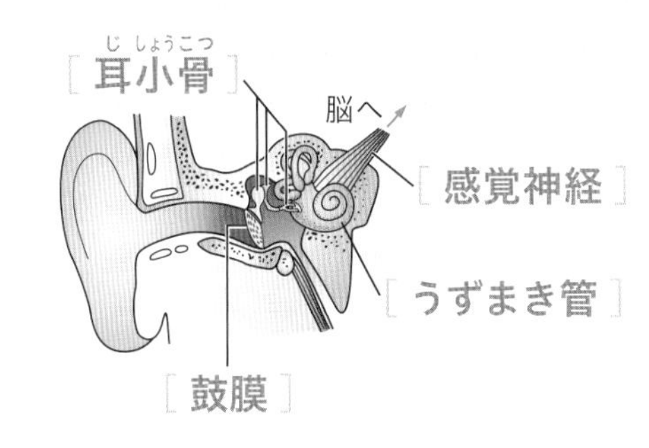

□ 耳のつくり

❷ 神経のはたらき

▶ 教 p.154-157

□ 脳やせきずいは［中枢神経］とよばれ，そこから枝分かれして全身に広がる神経を［末しょう神経］という。

□ 信号の伝達や命令などを行う中枢神経，末しょう神経をまとめて［神経系］という。

□ 末しょう神経は，感覚器官から中枢神経へ信号を伝える［感覚神経］と，中枢神経から運動器官へ信号を伝える［運動神経］などに分けられる。

□ 刺激を受けて，意識とは無関係に決まった反応が起こることを［反射］という。

❸ 骨と筋肉のはたらき

▶ 教 p.158-160

□ 骨につく筋肉は，両端がけんになっていて，［関節］をまたいで2つの骨についている。

意識して起こす反応と，無意識に起こる反応である反射の比較はよく出題されるので，ちがいを理解しておこう。

Step 2　予想問題　第４章 刺激と反応

【 目のつくりとはたらき 】

❶ 図は，ヒトの目のつくりを模式的に示したものである。次の問いに答えなさい。

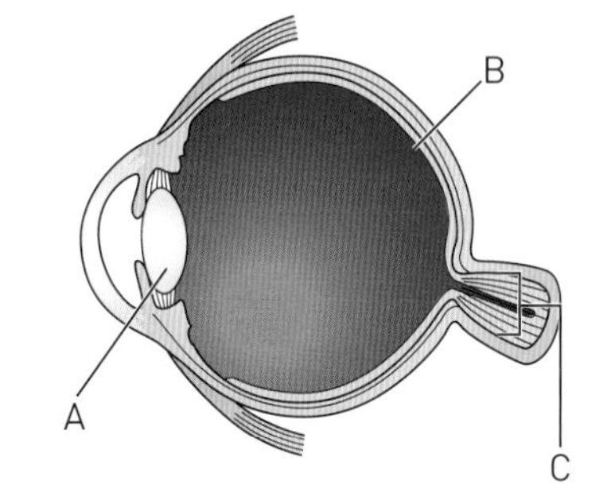

□ ❶ A～Cの部分を何というか。

A（　　　　　　）

B（　　　　　　）

C（　　　　　　）

□ ❷ ①～③のはたらきをする部分を，それぞれA～Cから選び，記号で答えなさい。　①（　　　）　②（　　　）　③（　　　）

① 光の刺激を受けとる。

② 光の刺激の信号を脳に送る。

③ 光を屈折させる。

□ ❸ 次の文の①～③に当てはまる適当な言葉を答えなさい。

①（　　　　）　②（　　　　）　③（　　　　）

> ヒトの目は，顔の（　①　）に２つあるため，前方の物を（　②　）的に見たり，前方との（　③　）を正確にとらえたりするのに適している。

【 耳のつくりとはたらき 】

❷ 図は，ヒトの耳のつくりを模式的に示したものである。次の問いに答えなさい。

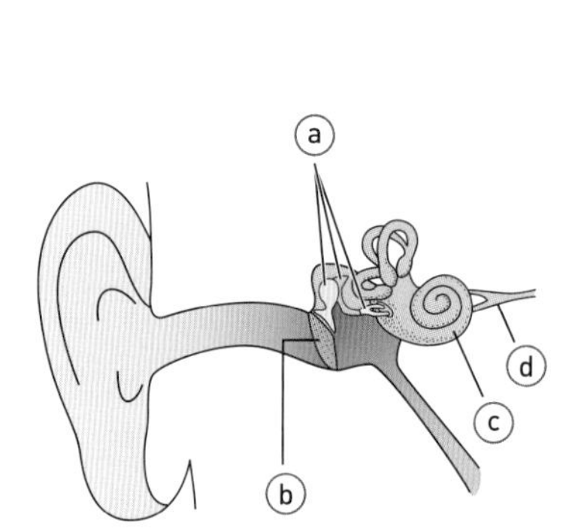

□ ❶ 音の刺激を受けとる耳のように，外界から刺激を受けとる器官を何というか。（　　　　　　）

□ ❷ ⓐ～ⓓの各部分を，それぞれ何というか。

ⓐ（　　　　　　）　ⓑ（　　　　　　）

ⓒ（　　　　　　）　ⓓ（　　　　　　）

□ ❸ 音の刺激を受けとる細胞がある部分を，ⓐ～ⓓから選び，記号で答えなさい。

（　　　）

□ ❹ ❸で受けとった音の刺激の信号は，ⓓを通ってどこへ伝えられるか。

（　　　　）

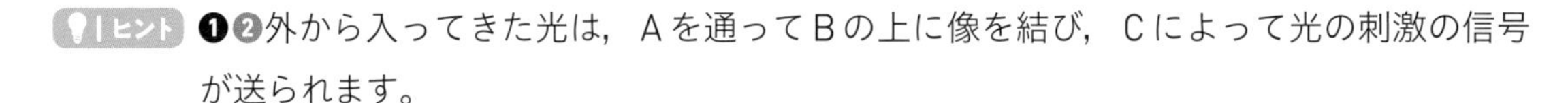

ヒント ❶❷外から入ってきた光は，Aを通ってBの上に像を結び，Cによって光の刺激の信号が送られます。

 ［解答▶p.10-11］

【 刺激と反応 】

❸ 図は，ヒトの神経系（しんけいけい）のつくりを模式的に示したものである。次の問いに答えなさい。

皮膚（ひふ）　A　ⓐ　ⓑ　B　筋肉

□ ❶ A，Bを何というか。

A（　　　　　　）　B（　　　　　　）

□ ❷ ⓐ，ⓑで示した，神経を表している部分を何というか。

ⓐ（　　　　　　）　ⓑ（　　　　　　）

□ ❸ 「足が冷たくなったので，くつ下をはいた」という場合，刺激が伝わってから，反応が終わるまでの経路はどうなるか。図を見て，①～④から１つ選び，記号で答えなさい。（　　　）

①ⓐ→B→ⓑ　②ⓐ→B→A→B→ⓑ

③ⓑ→B→ⓐ　④ⓑ→B→A→B→ⓐ

□ ❹ 「熱いものにふれて，思わず手を引いた」というような反応を何というか。（　　　）

□ ❺ ❹の起こる経路はどうなるか。図を見て，❸の①～④から１つ選び，記号で答えなさい。（　　　）

意識して起こす反応と，無意識のうちに起こる反応のちがいを覚えているかな。

【 骨と筋肉 】

❹ 図は，ヒトのうでの骨と筋肉を模式的に示したものである。次の問いに答えなさい。

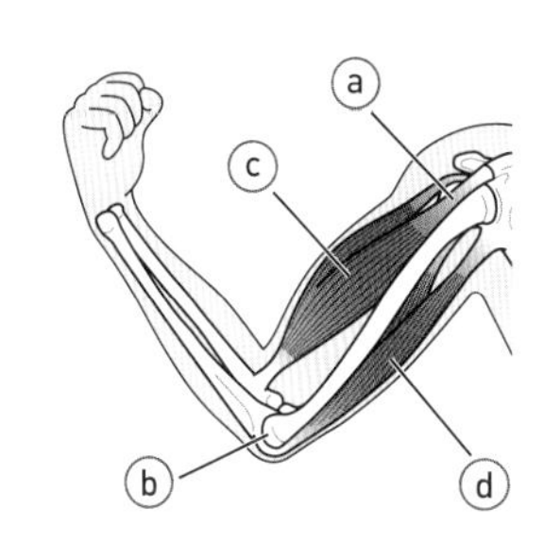

□ ❶ 筋肉の両端（りょうたん）にあって，筋肉と骨をつないでいる部分（ⓐ）を何というか。（　　　）

□ ❷ 骨のつながりの部分（ⓑ）を何というか。

（　　　）

□ ❸ うでをのばしたとき，ⓒやⓓの筋肉はどうなるか。㋐～㋓から１つ選び，記号で答えなさい。（　　　）

㋐ⓒは縮み，ⓓはのびる。　㋑ⓒはのび，ⓓは縮む。

㋒ⓒもⓓも縮む。　㋓ⓒもⓓものびる。

ヒント　❸❺反射は，脳が関係しない無意識に起こる反応のことです。

[解答▶p.10-11]

Step 3 予想テスト　単元2 生物のからだのつくりとはたらき

/100点
目標 70点

❶ 細胞について，次の問いに答えなさい。

植物の細胞　動物の細胞

A B C D E

□ ❶ 図は，植物の細胞と動物の細胞のつくりの模式図である。A～Eを何というか。

□ ❷ ゾウリムシやミカヅキモのように，からだが1つの細胞でできている生物を何というか。

□ ❸ ヒトのからだは，いろいろな形やはたらきをしている細胞が集まってできている。

①同じような形をして同じはたらきをする細胞の集まりを何というか。

②胃や肺のように，いくつかの①が集まって1つのまとまったはたらきをするものを何というか。

❷ 水の通り道について，次の観察を行った。後の問いに答えなさい。思

図1

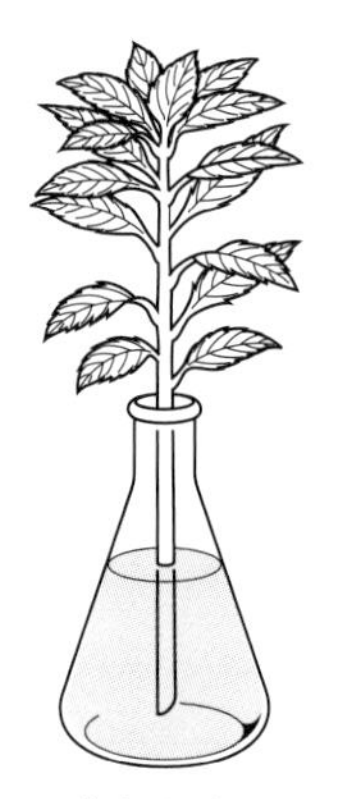

図2　図3

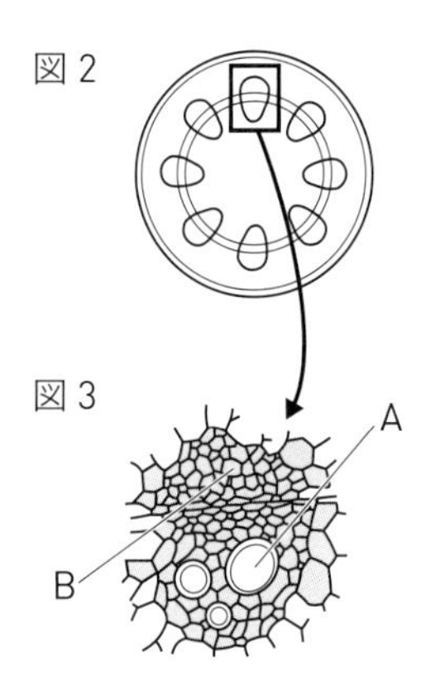

観察 ホウセンカの茎を赤インクで着色した水につけてしばらく放置し（図1），茎の断面を観察した。図2はそのときの茎のようすを表している。図3は茎の断面の一部を拡大したものである。

□ ❶ インクによって赤く染まったのは，図3のA，Bのどちらか。

□ ❷ 図3のA，Bを何というか。

□ ❸ 図3のA，Bの管が集まった部分を何というか。

❸ だ液のはたらきについて，次の実験を行った。後の問いに答えなさい。技 思

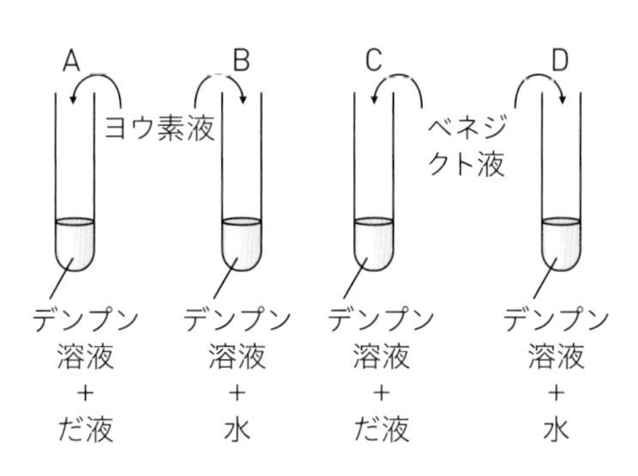

実験 だ液のはたらきを調べるため，図のようにA～Dの4本の試験管に同じ濃度のデンプン溶液を入れ，AとCの試験管にはだ液を，BとDの試験管には水を入れて，40℃の湯であたためた。次に，AとBの試験管にはヨウ素液を入れ，CとDの試験管にはベネジクト液を入れて加熱した。

□ ❶ 試験管A，Bにヨウ素液を入れたとき，反応したのはどちらの試験管か。また，このとき何色に変化したか。

 成績評価の観点　技…観察・実験の技能　思…科学的な思考・判断・表現

□ ❷ 試験管C，Dにベネジクト液を入れて加熱したとき，沈殿ができたのはどちらの試験管か。また，このときできた沈殿の色は何色か。

□ ❸ この実験から，だ液はデンプンを何に分解するはたらきをもつと考えられるか。㋐～㋓から選び，記号で答えなさい。

㋐ アミノ酸　㋑ モノグリセリド　㋒ 脂肪酸　㋓ 麦芽糖

❹ 図は，ヒトの血液を顕微鏡で観察したものである。次の問いに答えなさい。

□ ❶ A～Cを何というか。

□ ❷ Aの成分のはたらきについて，簡単に書きなさい。

□ ❸ 毛細血管のかべからしみ出して組織液になるものを，A～Cから選び，記号で答えなさい。

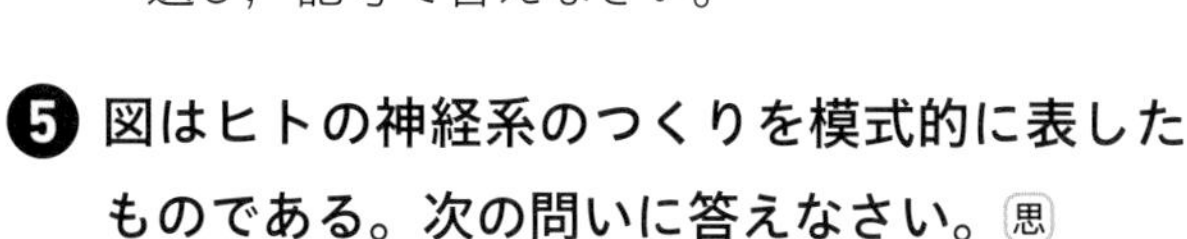

❺ 図はヒトの神経系のつくりを模式的に表したものである。次の問いに答えなさい。 思

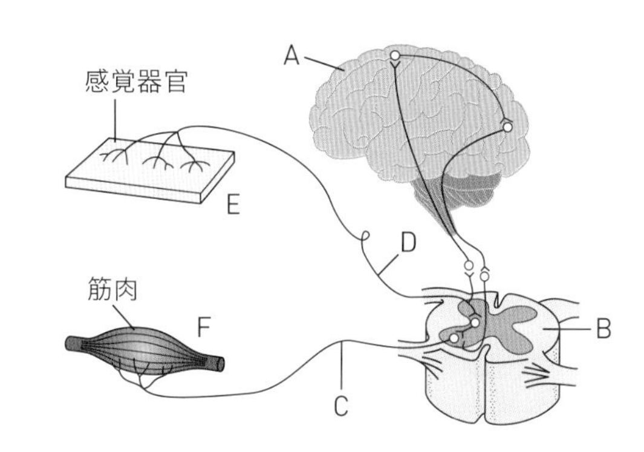

□ ❶ 神経を表すC，Dをそれぞれ何というか。

□ ❷ 「手が冷たいのでストーブに手をかざした」場合の，刺激を受けとってから反応が起こるまでの経路を，A～Fの記号を並べて答えなさい。ただし，同じ記号を2度使ってもよい。

□ ❸ 「誤って熱いやかんに指が触れ，思わず手を引っ込めた」場合の，刺激を受けとってから反応が起こるまでの経路を，A～Fの記号を並べて答えなさい。

□ ❹ ❸のような反応を何というか。

❶ 各3点	❶ A	B	C	D	E
	❷	❸ ①	②		
❷ 各4点	❶	❷ A	B	❸	
❸ 各4点	❶	❷	❸		
❹ 各4点	❶ A	B	C		
	❷	❸			
❺ 各4点	❶ C	D	❷		
	❸	❹			

❶ ／24点　❷ ／16点　❸ ／20点　❹ ／20点　❺ ／20点

[解答▶p.11-12]

Step 1 基本チェック

第1章 気象の観測(1)

10分

赤シートを使って答えよう！

❶ 気象の観測 ▶ 教 p.176-181

□ 大気中で起こるさまざまな現象を［気象］という。

□ 気象観測では，雲のようす，雲量と天気，気温，［湿度］(空気のしめりぐあい)，［気圧］(大気圧)，風向，風速や風力などを調べる。

□ 天気は雲量（空全体を10としたとき，雲がおおっている割合）を観測して，判断する。雲量が0～1のときが［快晴］，2～8のときが［晴れ］，9～10のときが［くもり］である。

□ 湿度は，［乾湿計］の乾球の示す温度（示度）と，乾球と湿球の示す温度の［差］から，湿度表より読みとり，％で表す。

天気	快晴	晴れ	くもり	雨	雪
記号	○	⦶	◎	●	⊗

風力	記号	風力	記号
0	○	5	
1		6	
2		7	
3		8	
4		12	

□ 天気・風力を表す記号

❷ 大気圧と圧力 ▶ 教 p.182-185

□ 上空にある空気が地球上の物に加える，重力による圧力を［大気圧］(気圧）という。

□ 大気圧は空気中の物体に対して［あらゆる］方向から加わっている。

□ 物体どうしがふれ合う面に力がはたらくとき，その面を［垂直］におす単位面積（1 m²や1 cm²など）あたりの力の大きさを［圧力］といい，通常は単位は［パスカル］(記号Pa）を用いる。

□ 圧力の大きさは，以下の式で求めることができる。

$$\text{圧力〔Pa〕} = \frac{\text{面を垂直におす力〔［N］〕}}{\text{力がはたらく［面積］〔m}^2\text{〕}}$$

□ 圧力の単位には，ニュートン毎平方メートル（記号［N/m^2］）やニュートン毎平方センチメートル（記号N/cm^2）なども使われる。

1 Pa＝［1］N/m^2＝0.0001 N/cm^2

空気中で，空気にはたらく［重力］による圧力が大気圧である。

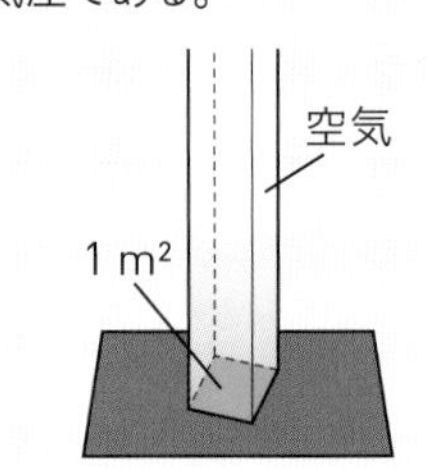

□ 大気圧

パスカルはフランスの科学者ブレーズ・パスカルにちなんだ単位だよ。

圧力を求められるように，計算に慣れておこう。

Step 2 予想問題　第1章 気象の観測(1)

20分（1ページ10分）

【気象観測】

❶ 気象観測について，次の問いに答えなさい。

□ ❶ 雲量が次の数値のときの天気は何か。

①雲量1（　　　）　②雲量2（　　　）

③雲量8（　　　）　④雲量9（　　　）

□ ❷ hPaと表される気圧の単位は何か。（　　　）

□ ❸ 北西から南東へ向かって風がふいているとき，この風を何の風というか。

（　　　）

【乾湿計】

❷ ある時刻における気温と湿度を，図1の乾湿計を使って観測した。図2は乾湿計の目盛りを拡大したものである。次の問いに答えなさい。

図1

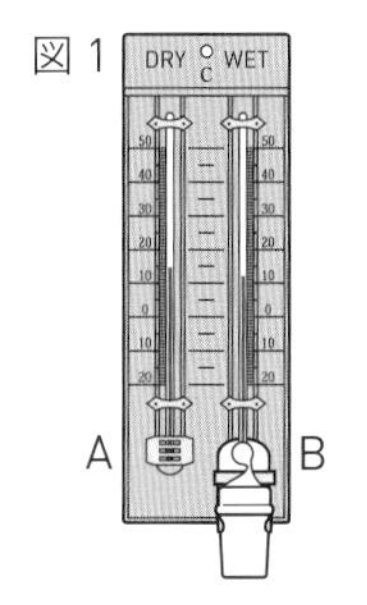

図2

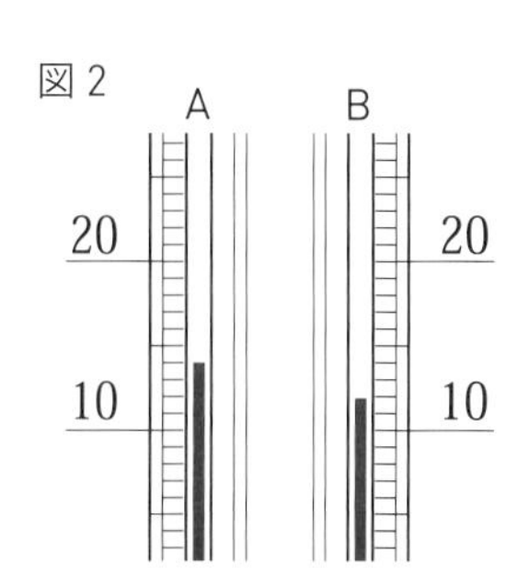

□ ❶ 図1で，湿球はA，Bのどちらか。

（　　　）

□ ❷ このときの気温は何℃か。

（　　　）

□ ❸ このときの湿度は何%か。右の湿度表を用いて求めなさい。（　　　）

乾球の示度〔℃〕	乾球と湿球の示度の差〔℃〕					
	0.0	0.5	1.0	1.5	2.0	2.5
15	100	94	89	84	78	73
14	100	94	89	83	78	72
13	100	94	88	82	77	71
12	100	94	88	82	76	70
11	100	94	87	81	75	69
10	100	93	87	80	74	68

【天気図の記号】

❸ 図は，ある日の天気を天気図の記号で示したものである。次の問いに答えなさい。

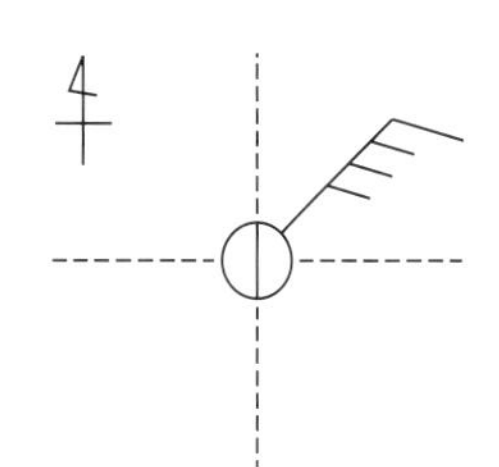

□ ❶ この日の天気は何か。（　　　）

□ ❷ この日の風向と風力はどうであったか。

風向（　　　）　風力（　　　）

□ ❸ 次の天気を天気図の記号で表しなさい。

①雨（　　　）　②雪（　　　）

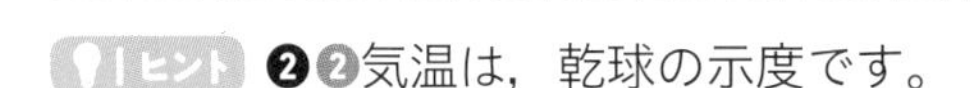

ヒント ❷❷気温は，乾球の示度です。

【圧力】

❹ 次の実験について，後の問いに答えなさい。

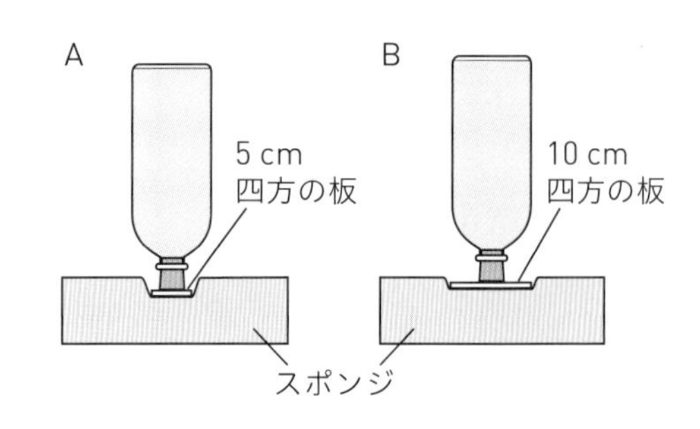

実験 図のように，スポンジの上に一辺の長さを5 cm，10 cmの正方形に切りとった段ボールを置き，水を入れたペットボトルを逆さまにして立ててスポンジのへこみ方を調べた。水を入れたペットボトルの質量は2 kgとし，100 gの物体にはたらく重力の大きさを1 Nとする。また，段ボールの質量は考えないものとする。

□ ❶ スポンジのへこみ方が大きいのは，ＡとＢのどちらか。

（　　　　）

□ ❷ Ａのときペットボトルがスポンジをおす力は何Nか。

（　　　　）

□ ❸ Ａのスポンジが受ける圧力は，Ｂのスポンジが受ける圧力の何倍か。（　　　　）

□ ❹ Ｂのスポンジが受ける圧力は何Paか。

（　　　　）

【大気圧】

❺ 空気の圧力について，次の問いに答えなさい。

図１

□ ❶ 空かんに水を入れて加熱し，湯気が出てきたところで火を止めて口にラップをかけた。しばらく放置すると，図１のように空かんがつぶれた。これは何という力によるものか。（　　　　）

□ ❷ 図２のように，吸盤を床におしつけたところ，はりついた。同じ吸盤をかべや天井におしつけても，同じようにはりつく。このことから，どのようなことがわかるか。

（　　　　）

図２

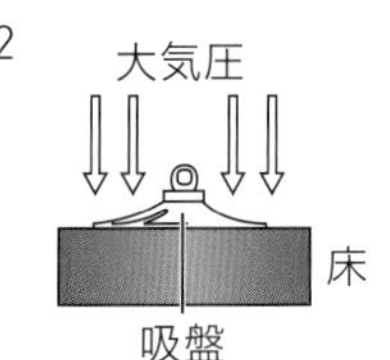

□ ❸ 山のふもとで買った菓子のふくろを山頂に持って行った。菓子のふくろはどうなるか。（　　　　）

ヒント ❺❸山頂では，その上にある空気の量が少なくなるので，大気圧は小さくなります。

 ［解答▶p.12］

Step 1 基本チェック　第1章 気象の観測(2)

10分

赤シートを使って答えよう！

❸ 気圧と風

▶ 教 p.186-189

- □ 天気図上で，同時刻に観測した気圧の等しい地点を結んだ線を［等圧線］という。
- □ 風は，気圧の［高い］ところから［低い］ところに向かってふく。
- □ 等圧線の間隔が［せまい］ところは，強い風がふく。

［高］気圧
周囲よりも気圧が高い。

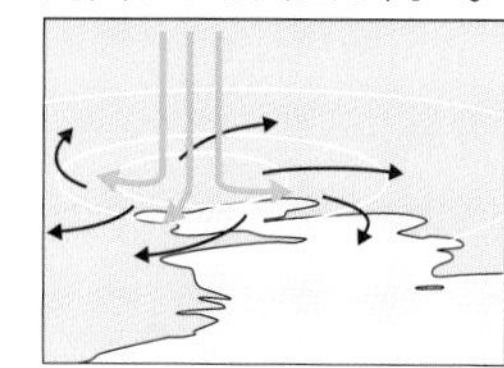

［下降］気流が発生し，風がふき出す。

［低］気圧
周囲よりも気圧が低い。

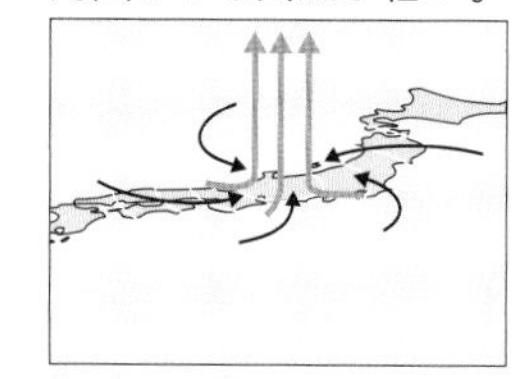

［上昇］気流が発生し，風がふきこむ。

□ **高気圧と低気圧**

- □ 等圧線が閉じた曲線になっている場合，中心部の気圧が周囲より高くなっている部分を［高気圧］，周囲より低くなっている部分を［低気圧］という。
- □ 高気圧の中心では［下降気流］が起こっており，中心から周辺へ向かって風がふく。一方，低気圧の中心では［上昇気流］が起こっており，周辺から中心に向かって風がふく。

❹ 水蒸気の変化と湿度

▶ 教 p.190-195

- □ 空気にふくまれる水蒸気が凝結し始める温度を［露点］という。
- □ 1 m³の空気がふくむことのできる水蒸気の最大質量を［飽和水蒸気量］〔g/m³〕という。
- □ 空気のしめりぐあいを数値で表したものが［湿度］である。
- □ 湿度〔%〕＝ $\dfrac{\text{1 m}^3\text{の空気にふくまれる［水蒸気］の質量〔g/m}^3\text{〕}}{\text{その空気と同じ気温での［飽和水蒸気量］〔g/m}^3\text{〕}} \times 100$

空気中にふくまれている水蒸気が冷えて水滴に変わることを凝結というよ。

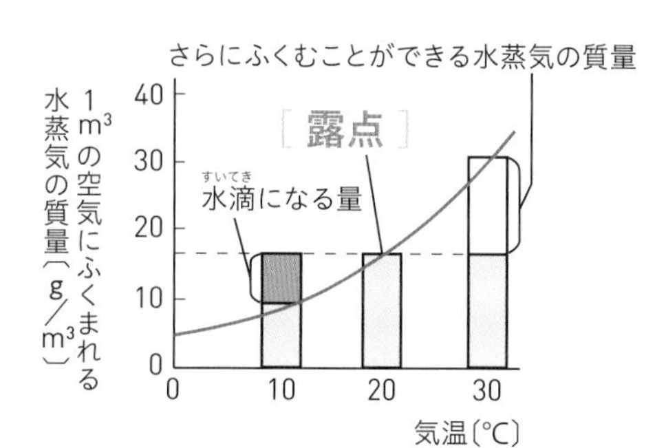

□ **気温と水蒸気の質量**

［飽和水蒸気量］

水蒸気の質量〔g/m³〕　湿度100％　湿度50％　露点　気温〔℃〕

水蒸気の質量〔g/m³〕　湿度100％　湿度70％　露点　気温〔℃〕

［気温］が低いほど空気1 m³中にふくむことができる水蒸気の質量が少ない。

□ **湿度と飽和水蒸気量**

テストに出る　湿度の計算に慣れておこう。

単元3

Step 2 予想問題 第1章 気象の観測(2)

10分
(1ページ10分)

【気圧と風】

❶ 気圧と風のふき方について，次の問いに答えなさい。

□ ❶ 高気圧と低気圧があった場合，風は高気圧と低気圧のどちらからどちらに向かってふいているか。 (　　　　　　　　　　)

□ ❷ 天気図で，等圧線の間隔がせまいところにふいている風は，等圧線の間隔が広いところと比較して，風の強さはどうなっているか。

(　　　　　　　　　　)

□ ❸ 中心で上昇気流が発生するのは，高気圧と低気圧のどちらか。

(　　　　　　)

□ ❹ 高気圧と低気圧の中心付近の風のふき方を，㋐～㋓からそれぞれ選び，記号で答えなさい。

高気圧 (　　　　) 低気圧 (　　　　)

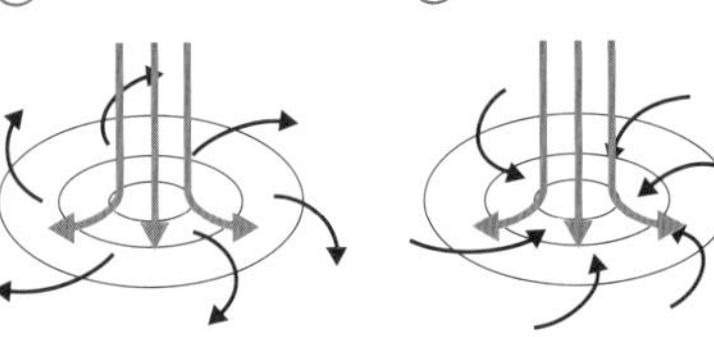

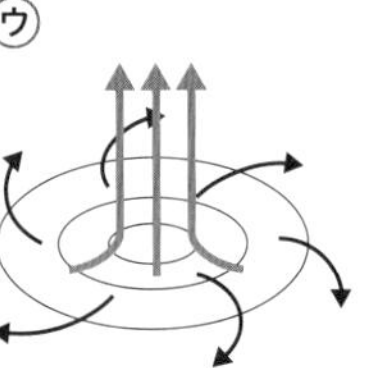

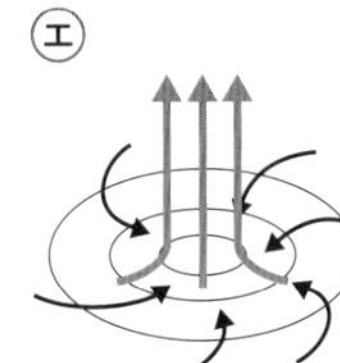

【湿度の計算】

❷ 表は気温と飽和水蒸気量の関係をまとめたものである。次の問いに答えなさい。

気温〔℃〕	飽和水蒸気量〔g/m³〕
10	9.4
15	12.8
20	17.3
25	23.1
30	30.4

□ ❶ 気温が30℃，湿度が50%のとき，1 m³の空気にふくまれる水蒸気の質量は何gか。 (　　　　　　)

□ ❷ 室温20℃の部屋で，この部屋の空気の露点を調べたら10℃であった。この部屋の空気の水蒸気量は何g/m³か。 (　　　　　　)

□ ❸ ❷のとき，この部屋の空気の湿度は何%か。小数第1位まで求めなさい。 (　　　　　　)

ヒント ❷ 湿度を求める式を利用しましょう。

Step 1 基本チェック 第2章 雲のでき方と前線(1)

10分

赤シートを使って答えよう！

❶ 雲のでき方

▶ 教 p.198-201

□ 空気があたためられたり山の斜面(しゃめん)にそって上昇(じょうしょう)したりして，水蒸気をふくむ空気のかたまりが上昇すると，上空の気圧が低いために［膨張(ぼうちょう)］して温度が下がる。

□ 空気のかたまりが［露点(ろてん)］よりも低い温度になると，空気にふくみきれなくなった水蒸気は水滴(すいてき)になり，さらに温度が低いと氷の粒(つぶ)になる。このような水滴や氷の粒が集まって［雲］ができている。

□［雨］は雲をつくる水滴が上昇気流(じょうしょうきりゅう)で支えきれなくなり，そのまま落ちてきたり氷の粒が落ちるとちゅうでとけたりしたもの，［雪］は雲をつくる氷の粒がとけずに落ちてきたものである。

□ 地球表面の水の一部は［太陽］のエネルギーを受けて蒸発し，水蒸気となって大気中に移動する。この水蒸気は雲をつくり，雨や雪となって地球表面にもどる。

□ 地球上の水が絶えず地球表面と大気の間を循環(じゅんかん)していることを［水(みず)の循環(じゅんかん)］という。

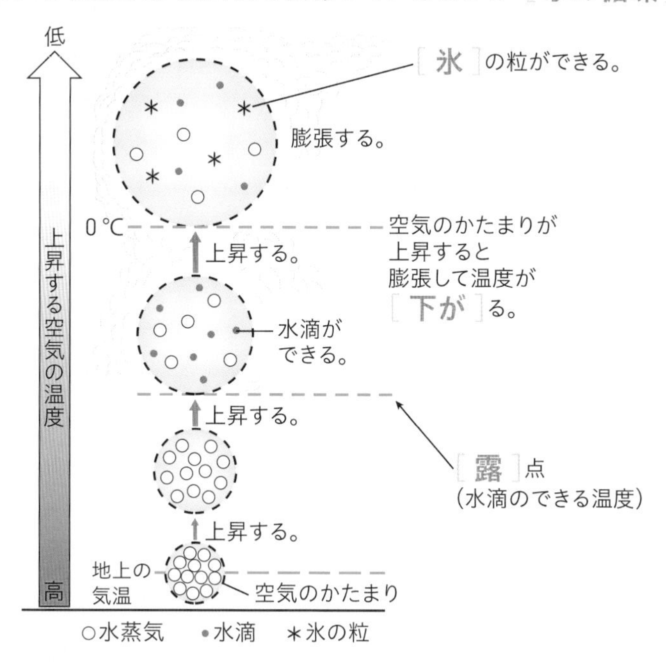

□ 雲のでき方

雲のでき方について，しっかりと理解しておこう。

Step 2 予想問題　第2章 雲のでき方と前線(1)

10分
(1ページ10分)

【雲】

❶ 雲のでき方について，図を見て，次の問いに答えなさい。

□ ❶ ⓐ，ⓑ，ⓒのモデルは，それぞれ何を表しているか。

ⓐ（　　　　）　ⓑ（　　　　）　ⓒ（　　　　）

□ ❷ ㋐は何℃であると考えられるか。（　　　　）

□ ❸ 次の文中の（　　）に適当な言葉を入れなさい。

空気は，あたためられると上空にのぼっていく。空気のかたまりは，上昇するにしたがって（①　　　　）し，その温度は（②　　　　）る。やがて，ある温度以下になると，その空気中の（③　　　　）の一部が水滴になる。温度が0℃以下の場合には，（④　　　　）の粒ができはじめる。こうしてできた水滴や（　④　）の粒が（⑤　　　　）に支えられて浮かんでいるものが（⑥　　　　）である。

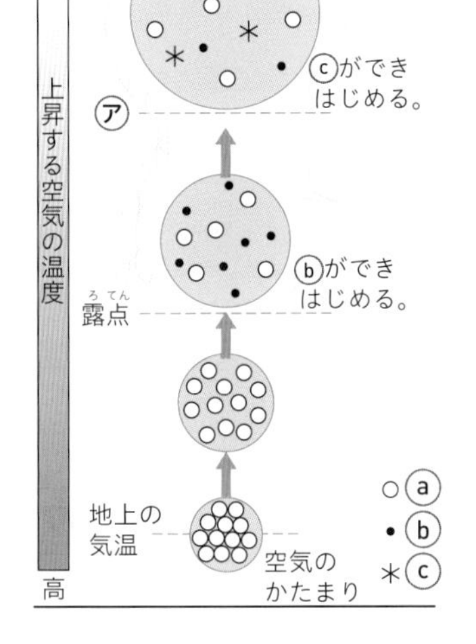

【水の循環】

❷ 自然界の水の循環について，次の問いに答えなさい。

□ ❶ ⓐは地上に降る雨や雪などを示している。雨や雪などをまとめて何というか。

（　　　　）

□ ❷ 大気中の水蒸気は，何によってもたらされるか。1つ答えなさい。

（　　　　）

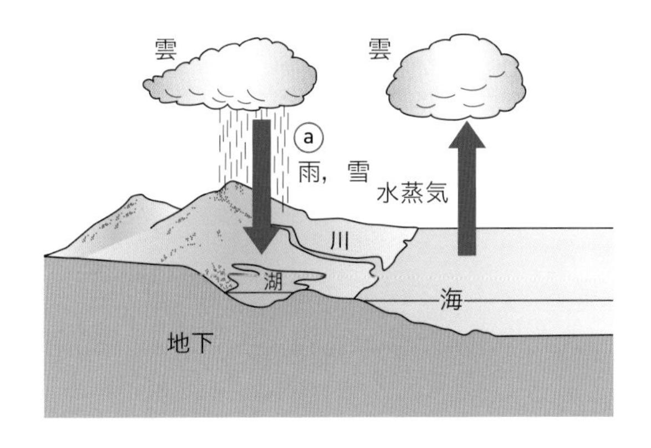

ヒント ❶ 空気中の水蒸気は上昇にともなって，水滴，そして氷の粒と変化していきます。

Step 1 基本チェック　第2章 雲のでき方と前線(2)

10分

赤シートを使って答えよう！

❷ 気団と前線

▶ 教 p.202-207

□ 大陸上や海上などに，空気が長期間とどまり，気温や湿度がほぼ一様な空気のかたまりになったものを［気団］という。

□ 気温や湿度などの性質の異なる空気のかたまりが接している面を［前線面］という。

□ 前線面と地表面が接したところを［前線］という。

□ 寒気（冷たい空気）が暖気（あたたかい空気）の下にもぐりこみ，暖気をおし上げながら進んでいく前線を［寒冷前線］という。

□ 暖気が寒気の上にはい上がり，寒気をおしやりながら進んでいく前線を［温暖前線］という。

□ 寒冷前線が温暖前線に追いついてできる前線を［閉そく前線］という。

□ 暖気と寒気がぶつかり合っていてほとんど前線の位置が変わらない前線を［停滞前線］といい，この付近では長期間，雨が降り続くことが多い。

□ 前線が通過すると，［気温］や湿度などが急激に変化することが多い。

□ 中緯度帯で発生し，前線をともなう低気圧を［温帯低気圧］という。

□ 日本列島付近の温帯低気圧は，南東側に［温暖］前線，南西側に［寒冷］前線ができることが多い。

北緯および南緯30～60度の間の地域を中緯度帯というよ。

□ 温暖前線付近では，［乱層雲］や高層雲などが発達し，弱い雨が長時間降り続くことが多い。温暖前線の通過後には［南］寄りの風がふき，気温が［上がる］。

□ 寒冷前線付近では，［積乱雲］が発達し，強い雨が短時間に降り，強い風がふくことが多い。寒冷前線の通過前は南寄りの風がふくが，通過後は［北］寄りの風がふき，気温が［下がる］。

［寒冷］前線

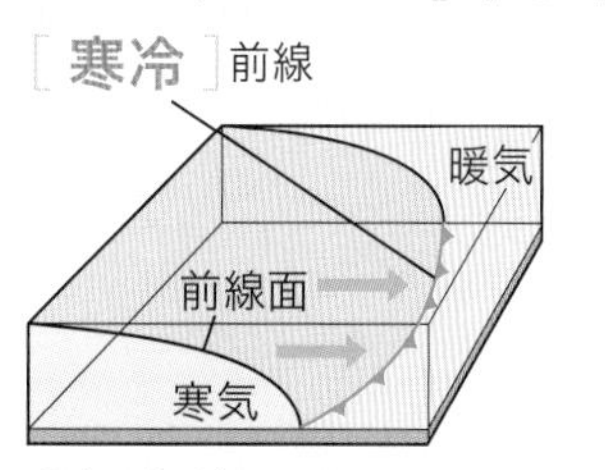

寒気が暖気の下にもぐりこみながら進む。

［温暖］前線

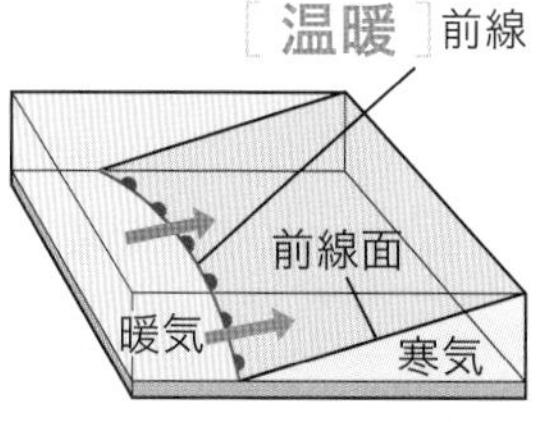

暖気が寒気の上をはい上がりながら進む。

［停滞］前線

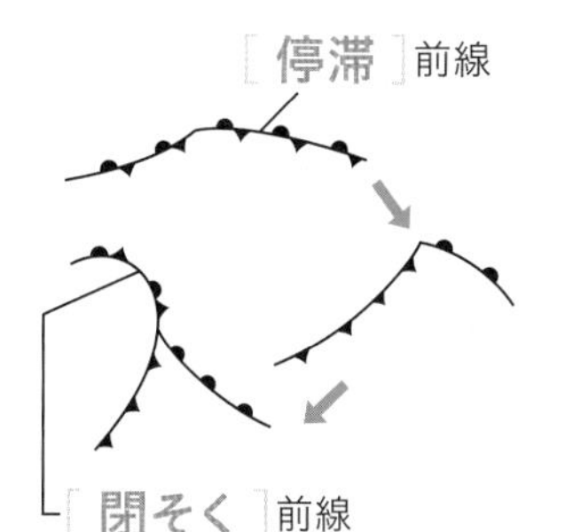

［閉そく］前線

□ 気団と前線

テストに出る

気象が大きく変化する寒冷前線は特徴がとらえやすく出題されやすいので，しっかりと理解しておこう。

Step 2 予想問題 第2章 雲のでき方と前線(2)

30分（1ページ10分）

【気団と前線】

❶ 図は，寒気が暖気の方に移動するときの気団のようすを示したものである。次の問いに答えなさい。

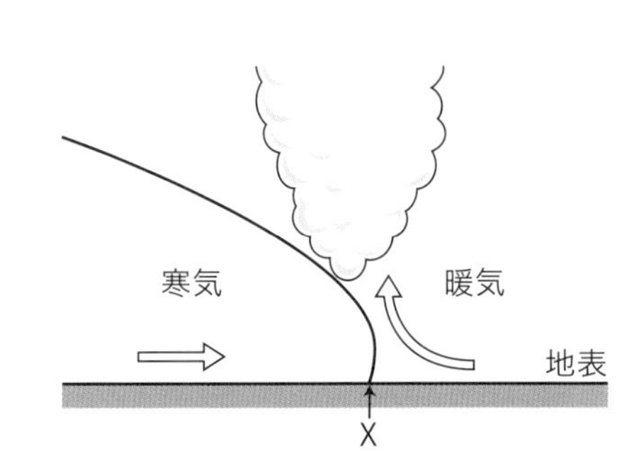

□ ❶ 暖気と寒気が接する境の面を何というか。（　　　）

□ ❷ ❶と地表面が交わるところを何というか。（　　　）

□ ❸ 図のようにしてできるXを何というか。（　　　）

□ ❹ ❸の付近では，どのような雲が発達するか。（　　　）

□ ❺ ❸が通過するときの天気の変化を正しく示したものを，㋐～㋓から1つ選び，記号で答えなさい。（　　　）

㋐ おだやかな雨が降り続き，通過後，気温が上がる。
㋑ おだやかな雨が降り続き，通過後，気温が下がる。
㋒ 強い雨が短時間に降り，通過後，気温が上がる。
㋓ 強い雨が短時間に降り，通過後，気温が下がる。

【前線の通過】

❷ 図は，暖気と寒気が接した前線面の断面のようすを示したものである。次の問いに答えなさい。

A　B　地表

□ ❶ 寒気を示したのは，A，Bのうちどちらか。（　　　）

□ ❷ 図のような前線を何というか。（　　　）

□ ❸ ❷の付近では，どのような雲が発達しやすいか。㋐～㋒から全て選び，記号で答えなさい。（　　　）

㋐ 積乱雲　㋑ 乱層雲　㋒ 高層雲

□ ❹ ❷が通過するときの天気の変化を正しく示したものを，㋐～㋒から全て選び，記号で答えなさい。（　　　）

㋐ おだやかな雨が降り続く。　㋑ 強い雨が短時間に降る。
㋒ 通過後，気温がしだいに上がることが多い。

ミスに注意 ❶ 寒気と暖気の接する境の面の断面の形から，前線を区別しましょう。

 [解答▶p.13-15]

【 低気圧(ていきあつ)の通過と天気の変化 】

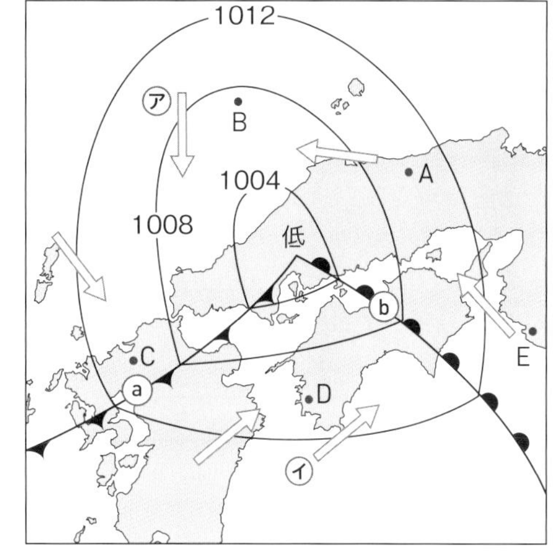

❸ 図は，寒気と暖気が接して前線ができ，低気圧が発生したようすを示したものである。矢印は風向きを表す。次の問いに答えなさい。

□ ❶ 寒気は㋐と㋑のどちらか。

□ ❷ ⓐとⓑの前線を，それぞれ何というか。

ⓐ

ⓑ

□ ❸ ①，②は前線の断面を表したものである。それぞれⓐ，ⓑどちらの前線を表したものか。記号で答えなさい。

①

寒気
A
暖気
地表
雨

②

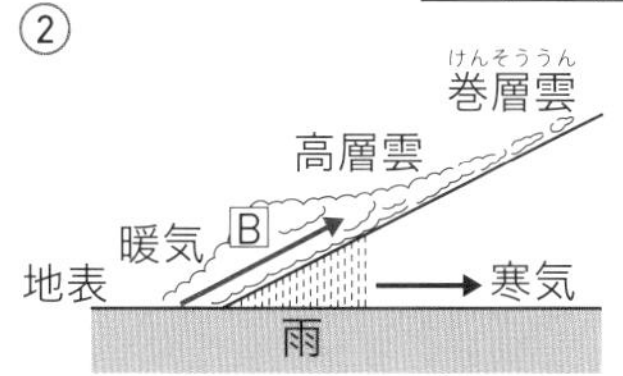

□ ❹ ❸の①のA，②のBの雲を何というか。㋐～㋔からそれぞれ選び，記号で答えなさい。

A　　B

㋐ 層雲(そううん)　㋑ 積乱雲　㋒ 巻雲(けんうん)　㋓ 乱層雲　㋔ 積雲(せきうん)

□ ❺ 次のような特徴をもつ地域を，A～Eから選び，記号で答えなさい。

① 南西の風がふき，あたたかくてよい天気である。

② 北もしくは北西の風がふき，よい天気である。

③ 長時間にわたって，弱い雨が続いている。

□ ❻ DとEの地点では，今後どのように天気が変わっていくか。㋐～㋓からそれぞれ選び，記号で答えなさい。　D　　E

㋐ 弱い雨が降りはじめ，長時間降り続く。

㋑ 強い雨が短時間に降り，風向きが変わる。

㋒ 雨がやんで，気温が上がる。

㋓ 雨がやんで，気温が下がる。

ヒント ❸❻ Dの地点は，図のときは晴れています。また，Eの地点は，図のときは弱い雨が降っています。

[解答▶p.13-15]

【 低気圧の発達と移動 】

❹ 図1は，ある低気圧とそれにともなう前線の位置を，24時間ごとに記録した結果を示したものである。後の問いに答えなさい。

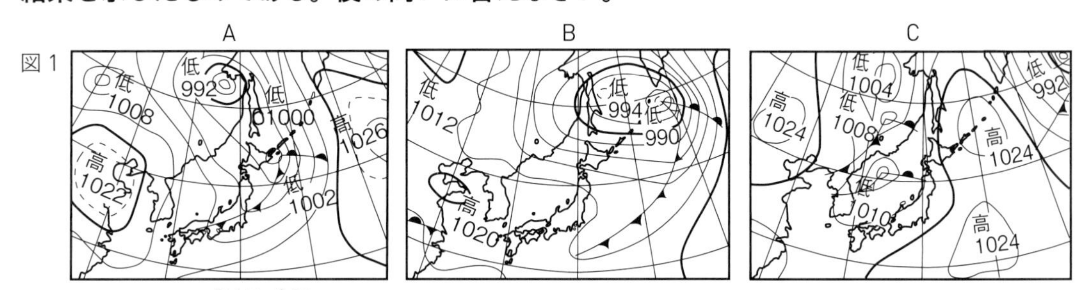

□ ❶ 図1のような，中緯度帯(ちゅういどたい)で発生し，前線をともなう低気圧を何というか。

（　　　　　　）

□ ❷ A～Cを，観測した順に正しく並べかえなさい。

（　　　→　　　→　　　）

□ ❸ 低気圧はどちらからどちらの方向に移動しているか。方位で答えなさい。

（　　　　　　）

□ ❹ 低気圧が図1の状態からさらに発達すると，低気圧のまわりに図2のような前線ができることがある。図2のdの前線を何というか。（　　　　　　）

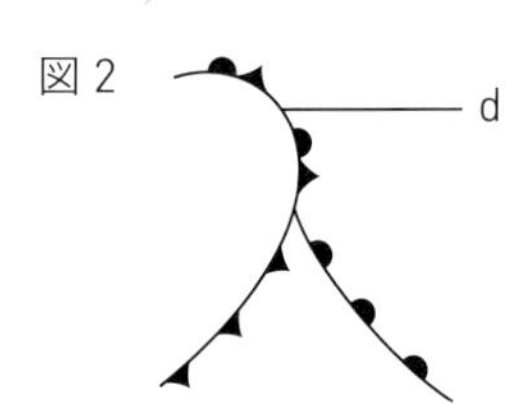

【 前線の通過と天気の変化 】

❺ 図は，ある測定地点を前線が通過したときの，気象観測(きしょうかんそく)の結果を示したものである。次の問いに答えなさい。

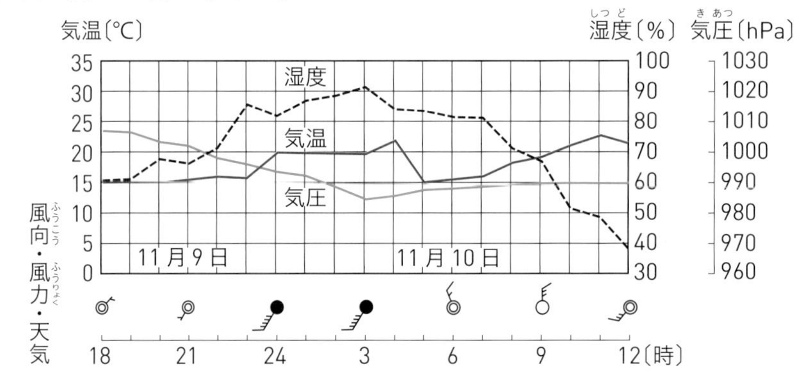

□ ❶ この地点を前線が通過したのは11月10日のいつごろか。㋐～㋒から1つ選び，記号で答えなさい。（　　　　）

㋐ 1時～3時　　㋑ 3時～5時　　㋒ 5時～7時

□ ❷ このとき通過した前線は何か。（　　　　　　）

ヒント ❺❶ 気圧の変化より，気温の変化に注目して考えましょう。

Step 1 基本チェック

第3章 大気の動きと日本の天気

10分

■ 赤シートを使って答えよう！

❶ 大気の動きと天気の変化

▶ 教 p.210-211

□ 地球の中緯度地域の上空でふく［偏西風］の影響を受けるため，日本列島付近の天気は［西］から［東］へと変わることが多い。

❷ 日本の天気と季節風

▶ 教 p.212-213

□ 季節に特徴的にふく風を［季節風］という。冬はユーラシア大陸から太平洋へ向かって，夏は太平洋からユーラシア大陸へ向かって［南］寄りの風がふく。

□ 海の近くでは，昼と夜の陸上と海上の温度差で，［夜］は陸から海へ，［昼］は海から陸へ風がふく。このような風を［海陸風］という。

❸ 日本の天気の特徴

▶ 教 p.214-217

❹ 天気の変化の予測

▶ 教 p.218-221

❺ 気象現象がもたらすめぐみと災害

▶ 教 p.222-224

□ 冬には，ユーラシア大陸でシベリア高気圧が発達し，ユーラシア大陸から太平洋や東シナ海に向かって，［シベリア気団］からの冷たく乾燥した北西の季節風がふく。この時期に特徴的な気圧配置を，「［西高東低］の冬型の気圧配置」という。

□ 夏には，日本列島の南側で太平洋高気圧が発達し，日本列島はあたたかくしめった［小笠原気団］の影響を受ける。

□ 日本列島付近の春と秋は，低気圧と［移動性高気圧］が次々に通過することで，周期的に天気が変化する。

□ つゆ（梅雨）の停滞前線を［梅雨前線］，夏の終わりの停滞前線を［秋雨前線］という。

□ ［台風］は，熱帯低気圧が発達したものである。

［シベリア］気団

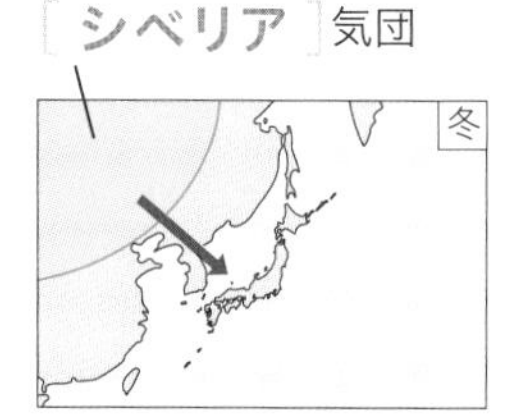

冬は，冷たく乾燥した［シベリア］気団が発達する。

オホーツク海気団

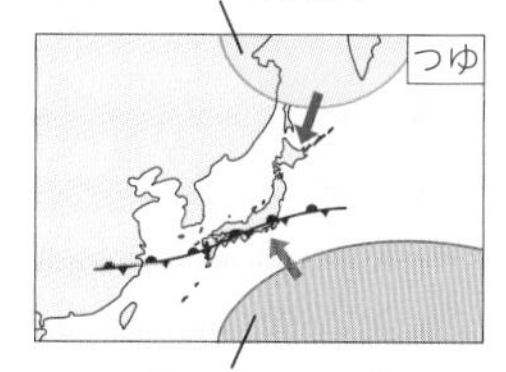

［小笠原］気団

つゆ（梅雨）は，冷たい気団とあたたかい気団が発達し，［梅雨］前線ができる。

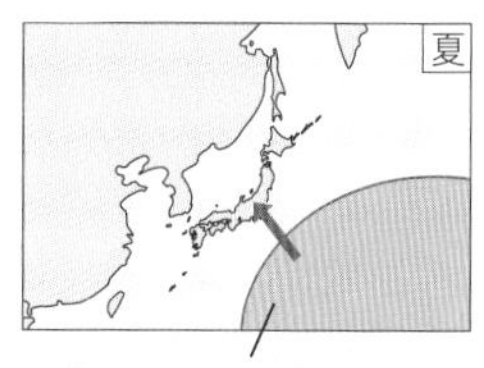

［小笠原］気団

夏は，あたたかくしめった［小笠原］気団が発達する。

□ 日本の天気の特徴

テストに出る

冬型の天気図では，等圧線が南北にのびる形になっていることが多いことを理解しておこう。

Step 2 予想問題 第3章 大気の動きと日本の天気

20分
（1ページ10分）

【海陸風】

❶ 図は，海に面した地域の，1日のうちの風向きの変化を説明するためのものである。次の問いに答えなさい。

□ ① 昼間の気温が高いのは，陸上と海上のどちらか。

（　　　　）

□ ② 昼間に上昇気流が生じるのは，陸上と海上のどちらか。

（　　　　）

□ ③ 昼と夜の地表付近の風の向きは，それぞれa，bのどちらか。

昼（　　　　）　夜（　　　　）

□ ④ ③のように昼と夜で向きの変わる風をまとめて何というか。（　　　　）

【夏と冬の天気】

❷ 図は，夏と冬の天気図を示したものである。次の問いに答えなさい。

□ ① A，Bのどちらが夏の天気図か。

（　　　　）

□ ② A，Bそれぞれの天気図で，日本は何という気団の影響を受けているか。

A（　　　　）　B（　　　　）

□ ③ A，Bの季節の特徴を，㋐～㋓からそれぞれ選び，記号で答えなさい。

A（　　　　）　B（　　　　）

㋐ 天気が周期的に変化する。　㋑ 北西の冷たい季節風がふく。

㋒ 南東の季節風がふき，蒸し暑い晴天が続く。

㋓ 前線が本州の南に停滞し，長雨がふる。

【春と秋の天気】

❸ 春や秋の天気について，次の問いに答えなさい。

□ ① 春と秋によく見られる，日本列島付近を次々に通る高気圧を何というか。

（　　　　）

□ ② 春と秋の天気の移り変わりのようすを，簡単に書きなさい。

（　　　　）

ヒント ❶ 陸地は海と比べてあたたまりやすく，冷めやすい性質があります。

【つゆ（梅雨）】

❹ 図は，つゆ（梅雨）のころの日本付近の前線のようすを示したものである。次の問いに答えなさい。

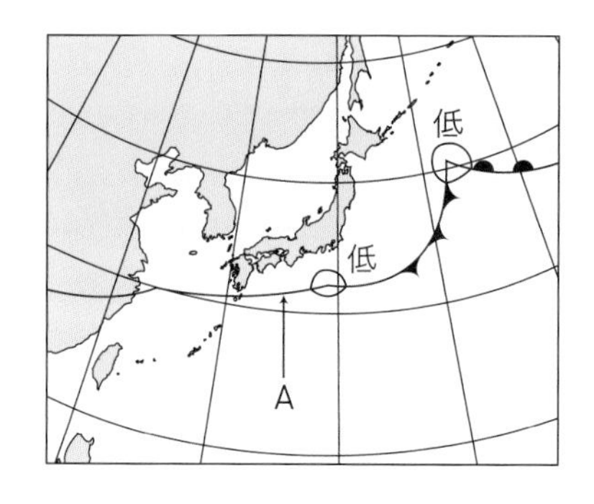

□ ❶ 寒気と暖気がぶつかり合ってほとんど位置が動かない前線を何というか。（　　　　）

□ ❷ Aには，❶の前線の記号がぬけている。この前線の記号をかきなさい。

（　　　　）

□ ❸ つゆ（梅雨）の時期に日本列島付近に現れる❶の前線を特に何というか。

（　　　　）

□ ❹ ❶の前線付近では，どのような特徴の気象になるか。㋐～㋓から1つ選び，記号で答えなさい。（　　）

㋐ 雪の日が続く。　　㋑ よく晴れた日が続く。

㋒ 雨やくもりの日が続く。　　㋓ 乾燥した日が続く。

【台風】

❺ 図は，夏のある日の天気図である。次の問いに答えなさい。

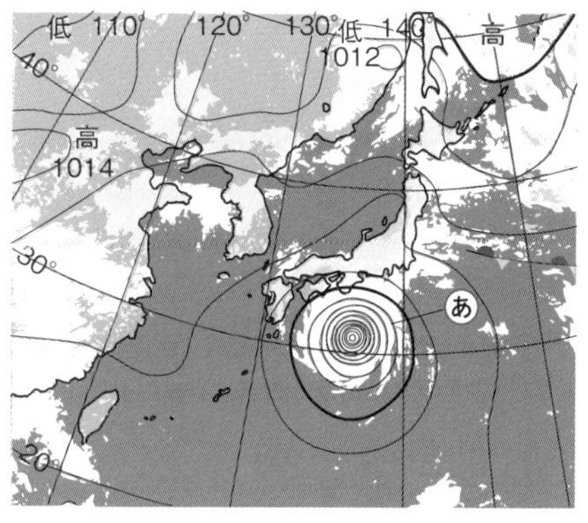

□ ❶ ㋠は何か。（　　　　）

□ ❷ ㋠の特徴として適当なものを，㋐～㋔から全て選び，記号で答えなさい。

（　　　　）

㋐ 強い風がふき，大きな災害を引き起こすことがある。

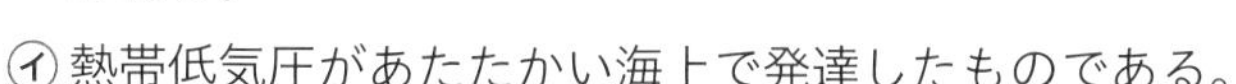

㋑ 熱帯低気圧があたたかい海上で発達したものである。

㋒ 北上して，高気圧に変わる。

㋓ 大量の雨を降らせる。

㋔ 前線が停滞し，長期間にわたり雨が降り続く。

□ ❸ 日本列島付近では，㋠は上空を西から東へ向かってふく風によって東に進む。この風を何というか。（　　　　）

ヒント ❺❷台風はふつう，前線をともないません。

Step 3 予想テスト

単元3 天気とその変化

30分　/100点　目標 70点

❶ 図は，気温と1 m³の空気にふくまれる水蒸気の質量の関係を表したものである。次の問いに答えなさい。ただし，現在の空気1 m³には12.8 gの水蒸気がふくまれているものとする。 技

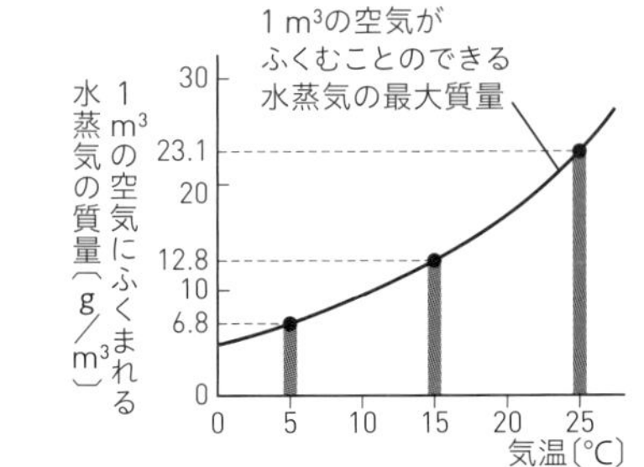

□ ❶ 1 m³の空気がふくむことのできる水蒸気の最大質量を何というか。

□ ❷ 現在の気温が25 ℃のときの湿度を求めなさい。ただし，小数第1位を四捨五入して整数で答えなさい。

□ ❸ 気温が25 ℃の空気1 m³は，さらに何gの水蒸気をふくむことができるか。

□ ❹ 気温が25 ℃の空気を冷やしていくと，何℃のとき露点に達するか。

□ ❺ ❹からさらに空気を5 ℃まで冷やしたとき，空気1 m³あたり何gの水滴ができるか。

❷ 図は，ある日の天気図に見られた低気圧と前線である。次の問いに答えなさい。

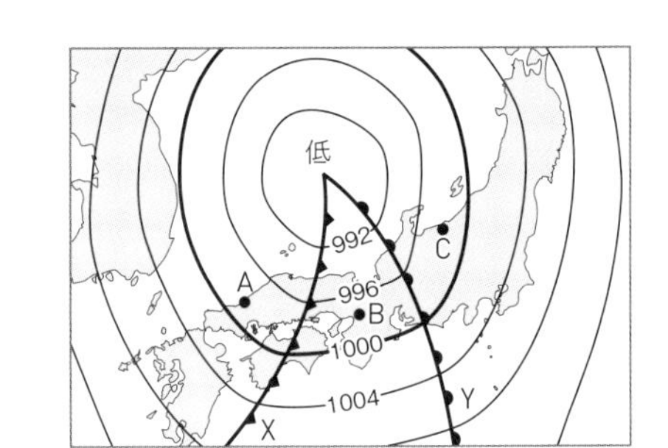

□ ❶ 低気圧とは，どのようなところをいうか。

□ ❷ X，Yの前線をそれぞれ何というか。

□ ❸ 前線面にゆるやかな上昇気流が生じ，層状の雲ができるのは，X，Yの前線のどちらか。

□ ❹ 暖気におおわれているところを，図のA～Cから選び，記号で答えなさい。

□ ❺ B地点の風向として考えられるものを，㋐～㋓から選び，記号で答えなさい。
㋐ 南東　㋑ 南西　㋒ 北東　㋓ 北西

□ ❻ 図の低気圧はおよそどの方位からどの方位に移動するか。㋐～㋓から選び，記号で答えなさい。
㋐ 西から東　㋑ 東から西　㋒ 北から南　㋓ 南から北

❸ A～Cの図は，日本の各季節の天気図である。次の問いに答えなさい。

□ ❶ A～Cのような天気図が見られる季節はいつごろか。それぞれ㋐～㋓から選び，記号で答えなさい。

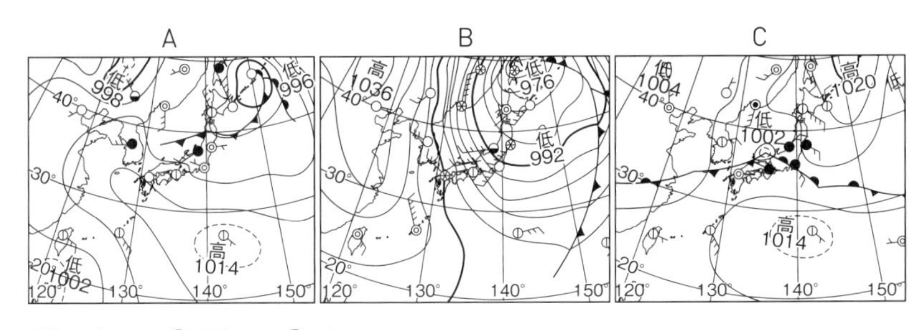

㋐ 春・秋　㋑ つゆ（梅雨）　㋒ 夏　㋓ 冬

□ ❷ A～Cのような天気図のとき，日本列島付近ではどのような天気が続くか。
㋐～㋓から選び，記号で答えなさい。
㋐ 蒸し暑い日が続く。　㋑ 雨やくもりの日が続くようになる。
㋒ 日本海側では雪になる。　㋓ 天気が短い周期で変わる。

□ ❸ Bの天気図では，東に低気圧があり，西に高気圧がある。このような気圧配置を何というか。

□ ❹ Cの天気図で，日本列島付近に見られる前線を何というか。

❹ 図は，24時間ごとの連続した天気図である。次の問いに答えなさい。 思

□ ❶ ⓐの天気図は，5月3日のものである。5月4日，5日，6日の順に天気図を並べなさい。

□ ❷ 低気圧は，どの方位からどの方位に移動しているか。

□ ❸ 24時間後の大阪の天気を知るには，今の時点で，どこの天気を見ればよいか。
㋐～㋓から選び，記号で答えなさい。
㋐ 上海付近　㋑ 東京付近　㋒ ソウル付近　㋓ 北京付近

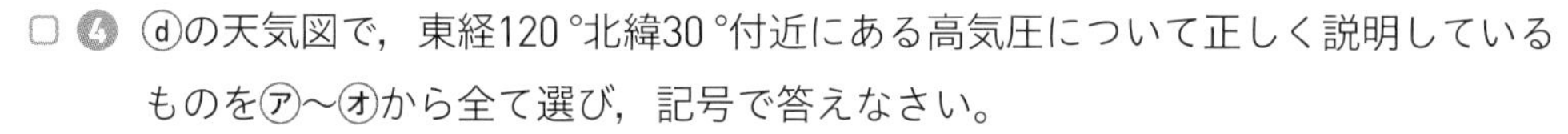

□ ❹ ⓓの天気図で，東経120°北緯30°付近にある高気圧について正しく説明しているものを㋐～㋔から全て選び，記号で答えなさい。
㋐ 移動性高気圧である。　㋑ 東から西に移動している。
㋒ 大規模な高気圧で，ほとんど動かない。　㋓ 発達すると前線をもつ。
㋔ この高気圧におおわれると，夜間に冷えこむことがある。

❶ 各4点	❶	❷ %	❸ g	❹ ℃	❺ g
❷ 各4点	❶	❷ X	Y		
	❸	❹	❺	❻	
❸ 各4点	❶ A　B　C	❷ A　B　C			
	❸	❹			
❹ 各5点	❶ ⓐ→　→　→	❷ から	❸	❹	

❶ ／20点　❷ ／28点　❸ ／32点　❹ ／20点

［解答▶p.16-17］

Step 1 基本チェック　第１章 静電気と電流

10分

赤シートを使って答えよう！

❶ 静電気と放電

▶ 教 p.238-241

- □ 異なる物質でできた物体どうしをこすり合わせると，一方の物体の［ －(マイナス) ］の電気が他方に移動するため，どちらの物体も＋(プラス)や－の電気を帯びる。このようにして［ 静電気(せいでんき) ］は生じる。
- □ 物体が電気を帯びることを［ 帯電(たいでん) ］という。
- □ たまっていた電気が空間をへだてて一瞬(いっしゅん)で流れる現象を［ 放電(ほうでん) ］という。

❷ 電流の正体

▶ 教 p.242-245

- □ 気体の圧力を小さくした空間に電流が流れる現象を［ 真空放電(しんくうほうでん) ］という。
- □ 蛍光板(けいこうばん)の入ったクルックス管を使うと，電流の道筋に沿って蛍光板が光るのを観察できる。この蛍光板を光らせるものを［ 陰極線(いんきょくせん) ］という。
- □ クルックス管の電極間に電圧を加えると，［ － ］極から陰極線が出る。
- □ クルックス管の上下の電極板を電源につなぐと，陰極線は［ ＋ ］極の方に曲がる。
- □ 陰極線は［ － ］の電気を帯びた小さな粒子(りゅうし)，つまり［ 電子(でんし) ］の流れである。
- □ 電流は，電源の＋極から－極へ流れるが，実際は，－の電気をもっている電子が電源の［ － ］極から回路を通って電源の［ ＋ ］極の方へ移動している。

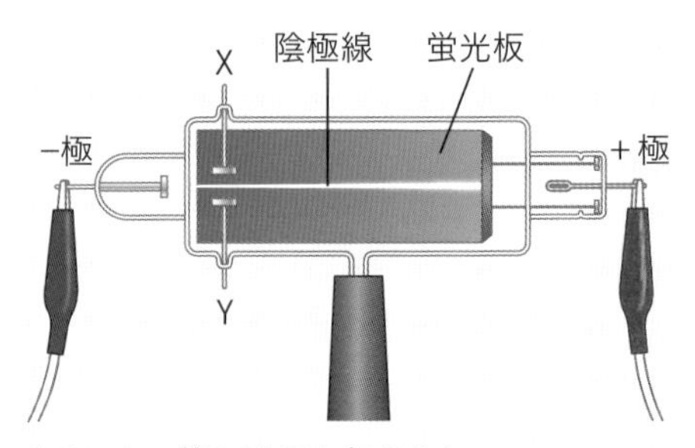

クルックス管に電圧を加えると，［ 陰極線 ］を見ることができる。

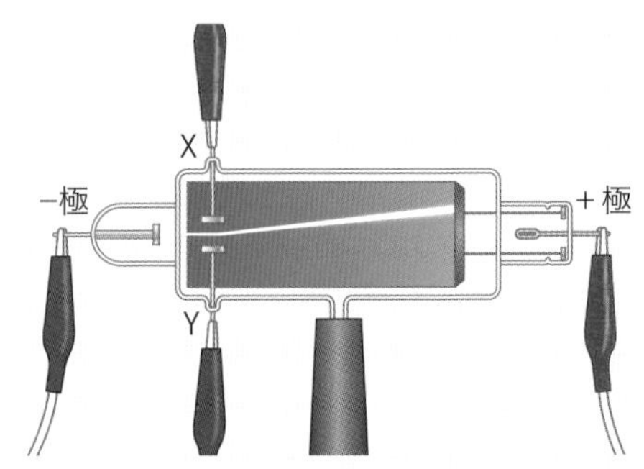

Xに［ ＋ ］極を，Yに［ － ］極をつないで電圧を加えると，Xの方に，陰極線は曲がる。

□ **電流の正体を調べる実験**

❸ 放射線の性質と利用

▶ 教 p.246-248

- □ X線やα(アルファ)線，β(ベータ)線，γ(ガンマ)線などをまとめて［ 放射線(ほうしゃせん) ］という。
- □ 放射線を出す物質を［ 放射性物質(ほうしゃせいぶっしつ) ］という。

真空放電は，電子が－極から＋極へ向かって流れる現象であることを理解しておこう。

Step 2 予想問題

第1章 静電気と電流

【静電気(せいでんき)】

❶ 図は，2種類の物質A，Bをこすり合わせたとき，物質の表面で，−(マイナス)の電気が物質Bから物質Aへ移ったことを表している。次の問いに答えなさい。

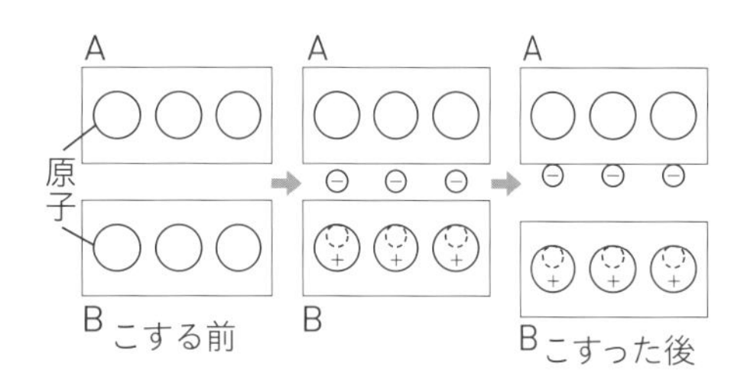

□ ❶ こすった後の物質A，Bは，それぞれ+(プラス)，−のどちらの電気を帯びているか。
A（　　　　）　B（　　　　）

□ ❷ 2種類の物質をこすり合わせたとき，物質が電気を帯びる。このような電気を何というか。
（　　　　）

【静電気と放電(ほうでん)】

❷ ストロー2本とアクリルパイプ2本を図のようにこすり合わせ，1本のストローを回転台にのせて，もう1本のストローやアクリルパイプを近づけた。次の問いに答えなさい。

□ ❶ もう1本のストローを近づけると，回転台の上のストローはどうなるか。㋐〜㋒から選び，記号で答えなさい。（　　　　）
㋐ 近づく。　㋑ 遠ざかる。　㋒ 変化なし。

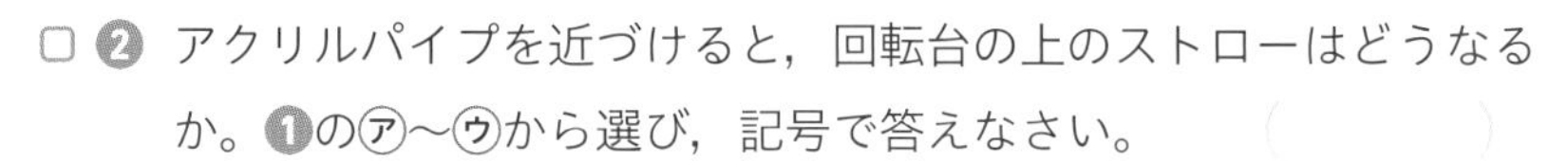

□ ❷ アクリルパイプを近づけると，回転台の上のストローはどうなるか。❶の㋐〜㋒から選び，記号で答えなさい。（　　　　）

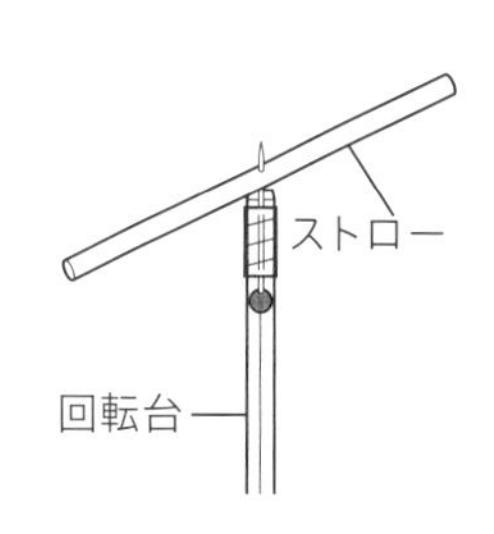

□ ❸ この実験について，次の文のようにまとめた。（　　）に適切な語句を入れなさい。

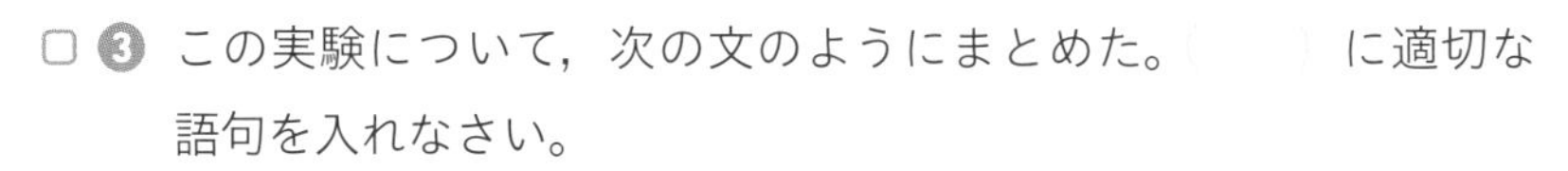

ストローとアクリルパイプをこすり合わせると，アクリルパイプにあった（①　　　　）の電気がストローに移動する。そのためストローは−の電気を帯び，アクリルパイプは（②　　　　）の電気を帯びる。（③　　　　）種類の電気どうしの間には反発し合う力がはたらくので，ストローどうしを近づけると（④　　　　）。

□ ❹ たまっていた電気が一瞬(いっしゅん)で流れる現象や，電気が空間を移動する現象を何というか。（　　　　）

□ ❺ 日常生活で見られる❹の例を1つあげなさい。（　　　　）

ヒント ❷ 同じ種類の電気を帯びた物体どうしは反発し合い，異なる種類の電気を帯びた物体どうしは引き合います。

[解答▶p.17]

【陰極線】

❸ 図のような蛍光板の入ったクルックス管の電極A，Bに誘導コイルをつなぐと，蛍光板上に明るい線が観察された。次の問いに答えなさい。

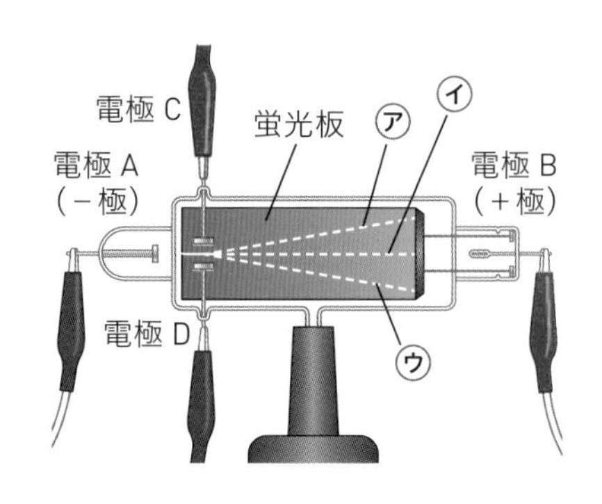

□ ❶ 蛍光板を光らせている線を何というか。

（　　　　）

□ ❷ このとき，電極Cを－極，電極Dを＋極にして電源につなぐと，明るい線はどの方向に進むか。㋐～㋒から選び，記号で答えなさい。（　　　　）

□ ❸ 電極Aから電極Bに向かって流れるものは，＋と－のどちらの電気を帯びているか。（　　　　）

【陰極線の性質】

❹ 十字形の金属板を入れたクルックス管の電極A，Bに誘導コイルをつなぐと，図のように電極B側に十字形のかげが現れた。次の問いに答えなさい。

□ ❶ かげが現れたことから，電極Aから電極Bに向かう何かの流れがあることがわかる。このとき流れている，小さな粒子は何か。（　　　　）

□ ❷ 電極A，Bは，それぞれ誘導コイルの何極につながっているか。

A（　　　　極）　B（　　　　極）

□ ❸ 電極A，Bにつなぐ誘導コイルの極を反対にすると，十字形のかげはどうなると考えられるか。

（　　　　）

【放射線】

□ **❺ 放射線について，正しいものを㋐～㋓から全て選び，記号で答えなさい。**

（　　　　）

㋐ 物質を透過しやすいため，人体に悪影響をあたえることがある。
㋑ 日常的に放射線をあびることはない。
㋒ 放射線は，全て同じものである。
㋓ 医療に利用されたり，物体内部の検査に利用されたりする。

ミスに注意　❺ 放射線は，宇宙空間から降り注ぐもの，自然界に存在する放射性物質から出るものもあります。

 ［解答▶p.17］

Step 1 基本チェック

第2章 電流の性質(1)

10分

赤シートを使って答えよう！

❶ 電気の利用

▶ 教 p.250-253

□ 電流が流れる道筋を［回路（かいろ）］という。

□ 1本の道筋でつながっている回路を［直列回路（ちょくれつかいろ）］といい，枝分かれした道筋でつながっている回路を［並列回路（へいれつかいろ）］という。

□ 電気用図記号で回路を表したものを［回路図（かいろず）］という。

❷ 回路に流れる電流

▶ 教 p.254-257

□ 回路を流れる電流の大きさは電流計で測定できる。電流の大きさを表す単位には［アンペア］(記号A) や［ミリアンペア］(記号mA) が使われる。

□ 電流計は回路に［直列］につなぐ。

□ 直列回路では，回路の各点を流れる電流の大きさはどこでも［同じ］である。

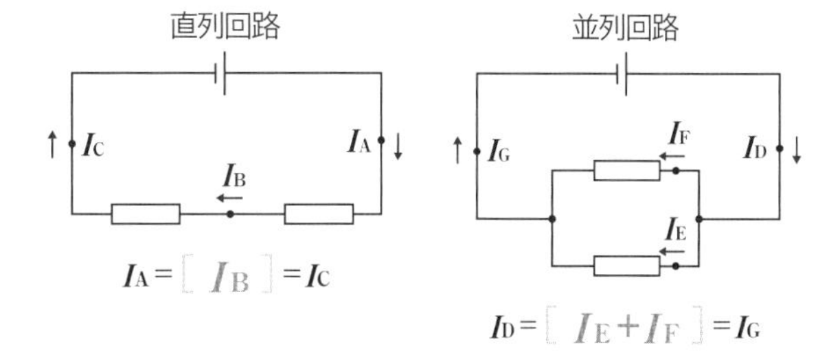

I_A =［I_B］= I_C

I_D =［$I_E + I_F$］= I_G

□ 回路に流れる電流

□ 並列回路では，枝分かれする前の電流の大きさは，枝分かれした後の電流の［和］に等しい。

❸ 回路に加わる電圧

▶ 教 p.258-261

□ 乾電池（かんでんち）などが回路に電流を流そうとするはたらきの大きさを［電圧（でんあつ）］といい，その大きさは電圧計で測定できる。

□ 電圧の大きさを表す単位には［ボルト］(記号V) が使われる。

□ 電圧計は回路に［並列］につなぐ。

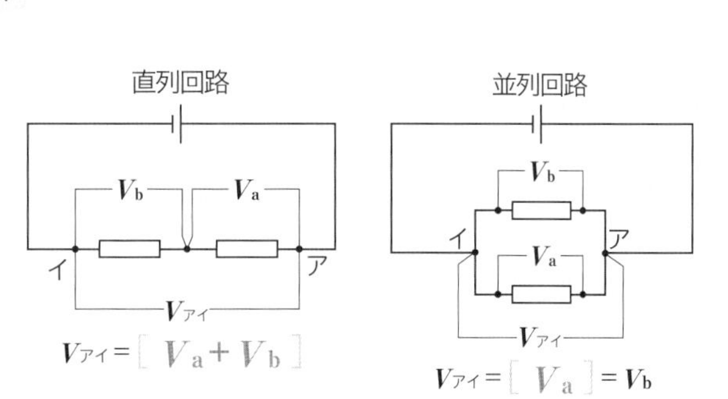

$V_{アイ}$ =［$V_a + V_b$］

$V_{アイ}$ =［V_a］= V_b

□ 回路に加わる電圧

□ 直列回路では，各区間に加わる電圧の大きさの［和］は，全体に加わる電圧の大きさに等しい。

□ 並列回路では，各区間に加わる電圧の大きさと，［全体］に加わる電圧の大きさが等しい。

回路図をかく問題はよく出題されるので，正確にかく練習をしておこう！

Step 2 予想問題　第2章 電流の性質(1)

【回路(かいろ)】

❶ 豆電球と乾電池(かんでんち)，スイッチで，図のような装置をつくった。次の問いに答えなさい。

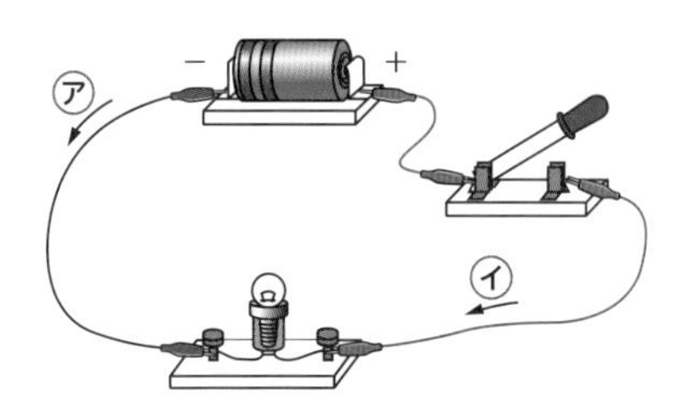

□ ❶ スイッチを入れると電流が流れ，豆電球の明かりがついた。このような，電流が流れる道筋を何というか。（　　　）

□ ❷ スイッチを入れると，電流はどの向きに流れるか。㋐，㋑の記号で答えなさい。（　　　）

□ ❸ 図の装置を，電気用図記号を用いて右の□に図で表しなさい。

□ ❹ ❸の図を何というか。（　　　）

【電流計の使い方】

❷ 図1のような装置を用意し，豆電球に流れこむ電流I_aと豆電球から流れ出る電流I_bの大きさを測定した。次の問いに答えなさい。

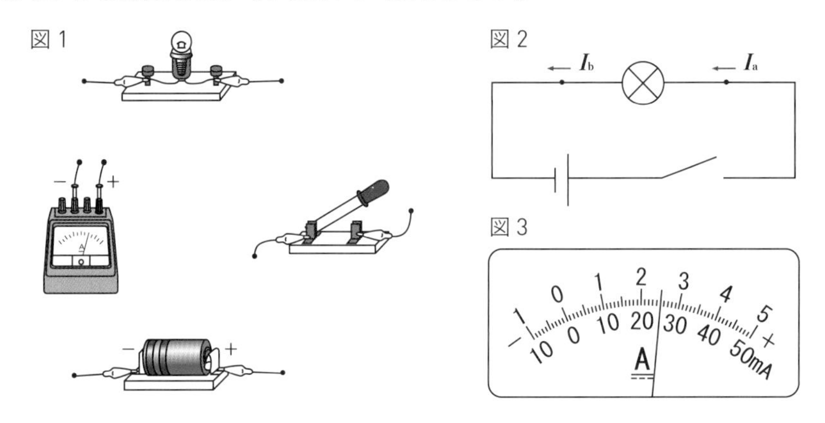

□ ❶ 図2の豆電球に流れこむ電流I_aの大きさが測定できるように，図1に導線をかき入れて，回路を完成させなさい。

□ ❷ 電流計の－端子(マイナスたんし)には，5A，500mA，50mAの3種類がある。まず初めにつなぐのは，どの端子か。（　　　の端子）

□ ❸ 電流計の500mAの－端子につないだときの電流計の針は，図3のようになった。電流の大きさは何mAか。（　　　mA）

□ ❹ 豆電球から流れ出る電流I_bの大きさは電流I_aの大きさに比べるとどうなるか。㋐～㋒から選び，記号で答えなさい。（　　　）

㋐ 大きくなる。　㋑ 小さくなる。　㋒ 変化なし。

ミスに注意　❷❸電流計の値を読むときは，接続している－端子の値を確認しましょう。

【 回路に流れる電流 】

❸ 図のような回路A，Bをつくり，回路のいろいろな部分に流れる電流を測定した。次の問いに答えなさい。

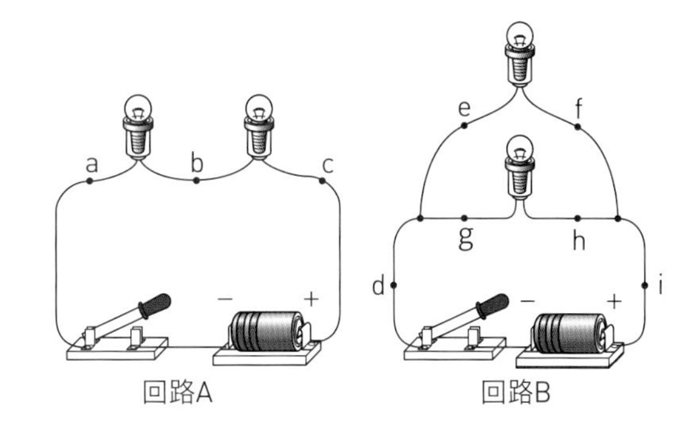

□ ❶ 回路Bのような豆電球のつなぎ方の回路を何というか。（　　　）

□ ❷ 回路Bのｆ点の電流の大きさを調べたい。電流計は，回路に対してどうつなぐか。

（　　　）

□ ❸ ❷で電流計をつないだときの回路図を，右の□に電気用図記号を用いて表しなさい。

□ ❹ 回路Aで，ａ点を流れる電流と同じ大きさの電流が流れるのは，ｂ，ｃ点のうち，どの点か。（　　　）

□ ❺ 回路Bで，ｄ点を流れる電流と同じ大きさの電流が流れるのは，ｅ～ｉ点のうち，どの点か。（　　　）

□ ❻ 回路Bのｅ点には0.3 A，ｈ点には0.2 Aの電流が流れていた。ｉ点を流れる電流の大きさは何Aか。（　　　A）

【 回路に流れる電流 】

❹ 図のような回路をつくり，電流の大きさを調べた。次の問いに答えなさい。

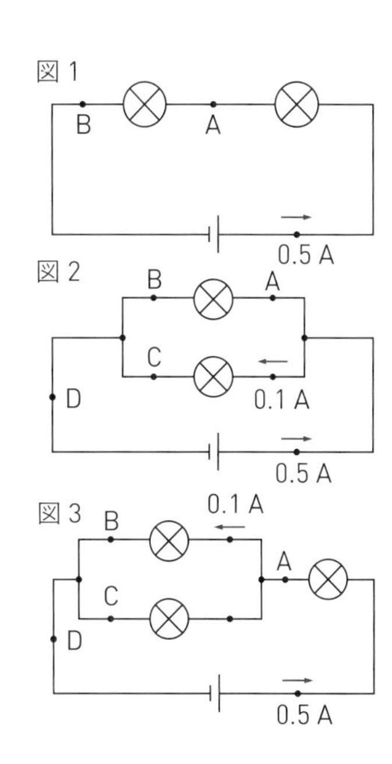

□ ❶ 図1の回路で，A，B点を流れる電流の大きさは，それぞれ何Aか。

A（　　　A）　B（　　　A）

□ ❷ 図2の回路で，A～D点を流れる電流の大きさは，それぞれ何Aか。

A（　　　A）　B（　　　A）
C（　　　A）　D（　　　A）

□ ❸ 図3の回路で，A～D点を流れる電流の大きさは，それぞれ何Aか。

A（　　　A）　B（　　　A）
C（　　　A）　D（　　　A）

ヒント ❸❻豆電球に流れこむ電流と豆電球から流れ出る電流の大きさは同じです。

[解答▶p.18-19]

【 電圧計の使い方 】

❺ いろいろな回路で，豆電球a，bの両端(りょうたん)に加わる電圧(でんあつ)の大きさを調べるため，図1のような装置を用意した。後の問いに答えなさい。

図1

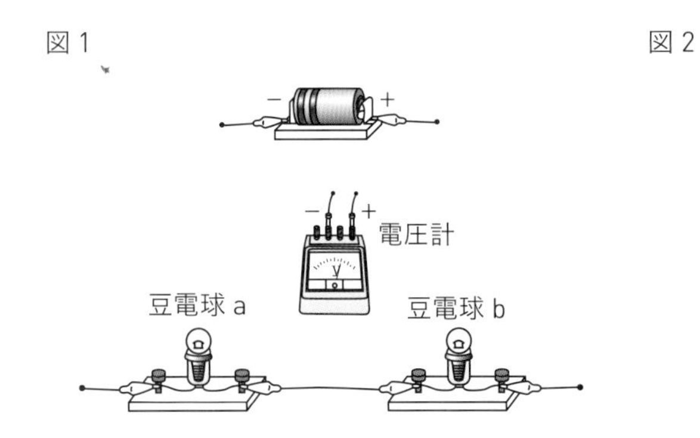

図2

回路①

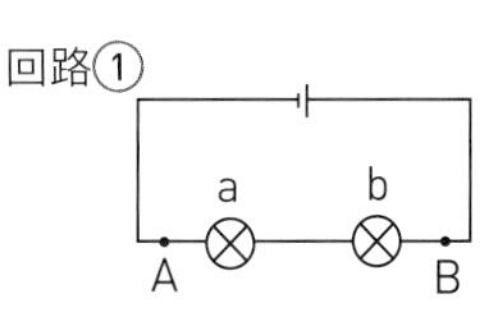

回路②

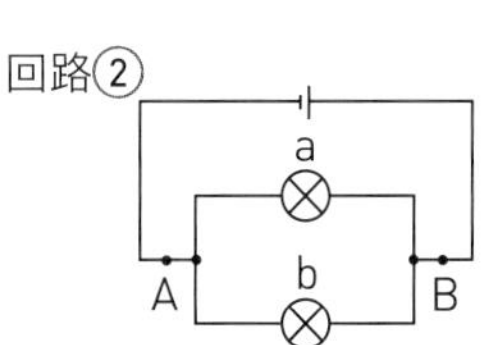

□ ❶ 図2の回路①の豆電球a， bの両端AB間にかかる電圧を測定したい。図1に導線をかき入れて，回路を完成させなさい。

□ ❷ 電圧計の－端子には，300 V，15 V，3 Vの3種類がある。まず初めにつなぐのは，どの端子か。

（　　　　　　　の端子）

図3

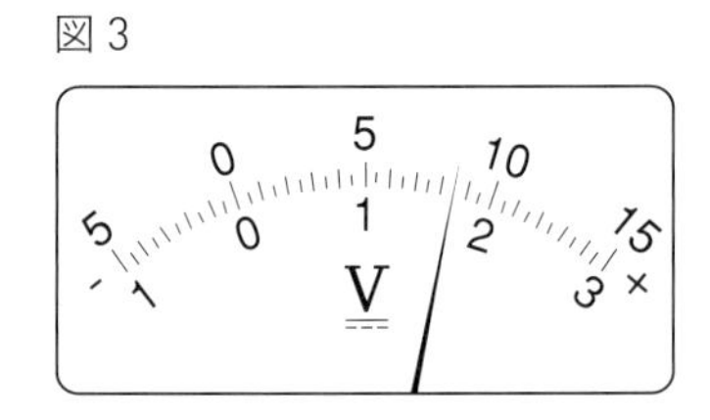

□ ❸ 電圧計の15 Vの－端子につないだときの電圧計の針は，図3のようになった。電圧は何Vか。（　　　　　　V）

□ ❹ 回路①と回路②を比べたとき，豆電球a， bの両端AB間に加わる電圧の大きさはどうなるか。㋐～㋒から選び，記号で答えなさい。（　　　）

㋐ 回路①の方が大きい。　㋑ 回路②の方が大きい。

㋒ 両方とも同じである。

【 いろいろな回路の電圧 】

❻ 図のような回路をつくって，それぞれの回路に加わる電圧を調べた。電源の電圧は，両方とも6.0 Vであった。次の問いに答えなさい。

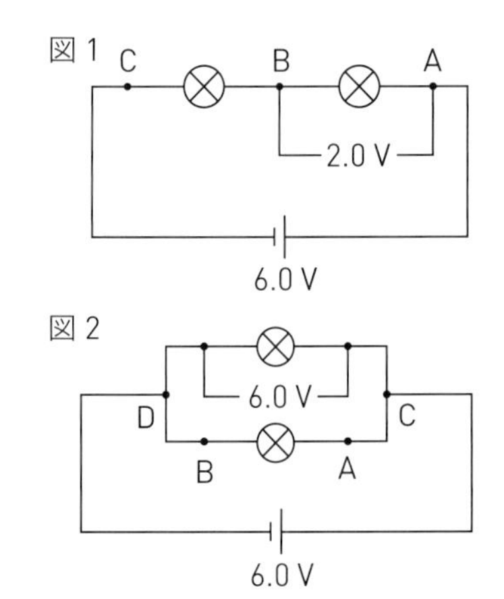

□ ❶ 図1の回路で，次の①，②に加わる電圧は何Vか。

① BC間の電圧（　　　　V）

② AC間の電圧（　　　　V）

□ ❷ 図2の回路で，次の①，②に加わる電圧は何Vか。

① AB間の電圧（　　　　V）

② CD間の電圧（　　　　V）

ヒント ❺ 電圧計は，回路に並列につなぎます。

Step 1 基本チェック　第2章 電流の性質(2)

10分

赤シートを使って答えよう！

❹ 電圧と電流と抵抗

▶ 教 p.262-267

□ 抵抗器を流れる電流の大きさは，抵抗器に加わる電圧の大きさに ［ 比例 ］ する。この関係を ［ オームの法則 ］ という。

□ 電流の流れにくさを ［ 電気抵抗 ］（抵抗）といい，単位には ［ オーム ］（記号Ω）が使われる。

□ 抵抗〔Ω〕＝ ［ 電圧 ］〔V〕／［ 電流 ］〔A〕

□ 抵抗器を直列につないだとき，回路全体の抵抗（合成抵抗）の大きさは，各抵抗の大きさの ［ 和 ］ に等しい。

□ 並列回路全体の抵抗（合成抵抗）の大きさは，ひとつひとつの抵抗の大きさよりも ［ 小さく ］ なる。

□ 電気を通しやすい物質を ［ 導体 ］ といい，抵抗がきわめて大きく電気をほとんど通さない物質を ［ 不導体 ］（絶縁体）という。

抵抗器の直列つなぎ

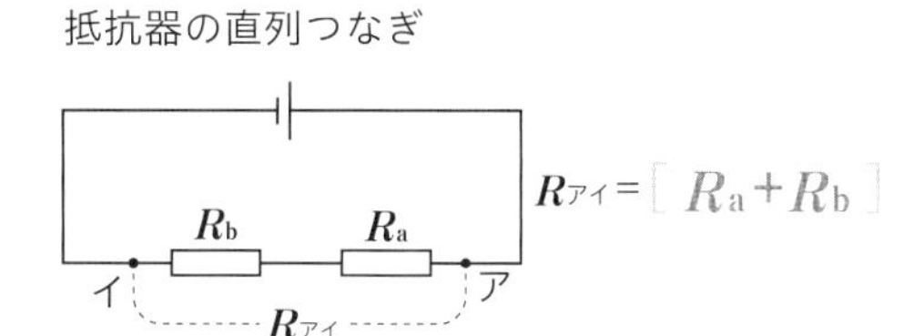

$R_{アイ}$ ＝ ［ $R_a + R_b$ ］

抵抗器の並列つなぎ

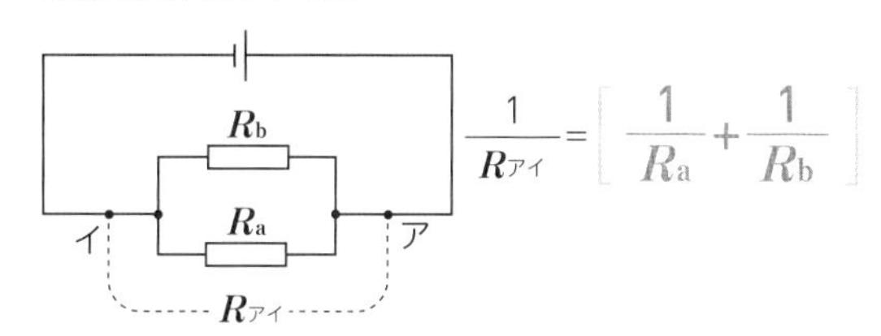

$\frac{1}{R_{アイ}} =$ ［ $\frac{1}{R_a} + \frac{1}{R_b}$ ］

□ 回路全体の合成抵抗

❺ 電気エネルギー

▶ 教 p.268-272

□ 電気のもつエネルギーを ［ 電気エネルギー ］ という。

□ 1秒間あたりに使われる電気エネルギーの大きさを表す値を ［ 電力 ］（消費電力）といい，単位には ［ ワット ］（記号W）が使われる。

□ 電力〔W〕＝電圧〔V〕×［ 電流 ］〔A〕

□ 電流を流すときに発生する熱の量を ［ 熱量 ］ といい，単位には ［ ジュール ］（記号J）が使われる。

□ 熱量〔J〕＝［ 電力 ］〔W〕×時間〔s〕

□ 一定時間電流が流れたときに消費される電気エネルギーの総量を ［ 電力量 ］ といい，単位にはジュール（記号J）や ［ ワット時 ］（記号Wh），［ キロワット時 ］（記号kWh）が使われる。

□ 電力量〔J〕＝電力〔W〕×［ 時間 ］〔s〕

オーム，ワット，ジュールはそれぞれ科学者にちなんで名付けられているよ。

テストに出る

オームの法則や電力，熱量，電力量を求める計算は出題されやすいので，公式は必ず覚え，計算できるようにしておこう！

単元4

Step 2 予想問題 第2章 電流の性質(2)

40分
（1ページ10分）

【電圧と電流の関係】

❶ 図1のような回路をつくり，電圧と電流の関係を調べた。表1は，電圧を変化させたときの電圧と電流の関係をまとめたものである。後の問いに答えなさい。

図1

表1

電圧〔V〕	1.5	3.0	4.5	6.0
電流〔A〕	0.1	0.2	0.3	0.4

□ ❶ 計器X，Yは，それぞれ何か。
X（　　　　）
Y（　　　　）

□ ❷ 電流計の＋端子（プラスたんし）を，㋐～㋓から選び，記号で答えなさい。（　　）

□ ❸ 右の［　　］に，図1の回路全体を，電気用図記号を使って回路図で表しなさい。

□ ❹ 表1の電圧と電流の関係を，図2のグラフに表しなさい。

図2

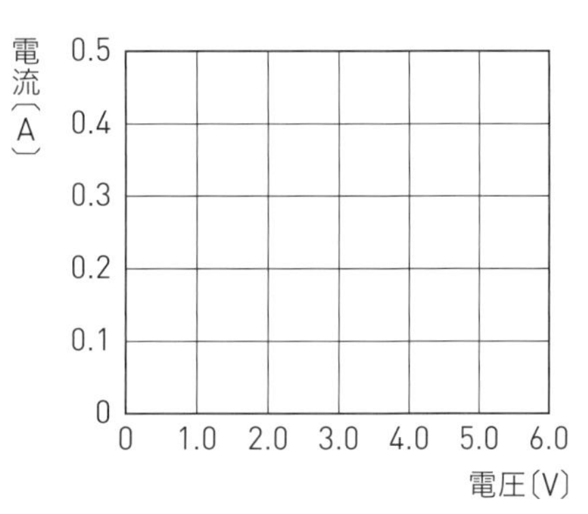

□ ❺ ❹のグラフから，電熱線を流れる電流と，電熱線の両端（りょうたん）に加わる電圧には，どのような関係があるといえるか。（　　　　）

□ ❻ 電流と電圧の❺のような関係を，何の法則というか。（　　　　）

□ ❼ この電熱線の抵抗（ていこう）の値（あたい）はいくらか。単位をつけて答えなさい。（　　　　）

□ ❽ 電圧計の目盛りが10Vになっているとき，電熱線に流れる電流の大きさは何Aか。小数第3位を四捨五入して，小数第2位まで求めなさい。（　　　　A）

□ ❾ 電流計の目盛りが240mAになっているとき，電熱線に加わる電圧の大きさは何Vか。（　　　　V）

ヒント ❶❸電源装置（直流）は，乾電池（かんでんち）と同じ電気用図記号で表されます。

 ［解答▶p.19-20］

【 抵抗 】

❷ 図は，２種類の抵抗器(ていこうき)Ａ，Ｂについて，加える電圧を変化させたときのそれぞれの抵抗器を流れる電流の大きさを調べた結果をグラフに表したものである。次の問いに答えなさい。

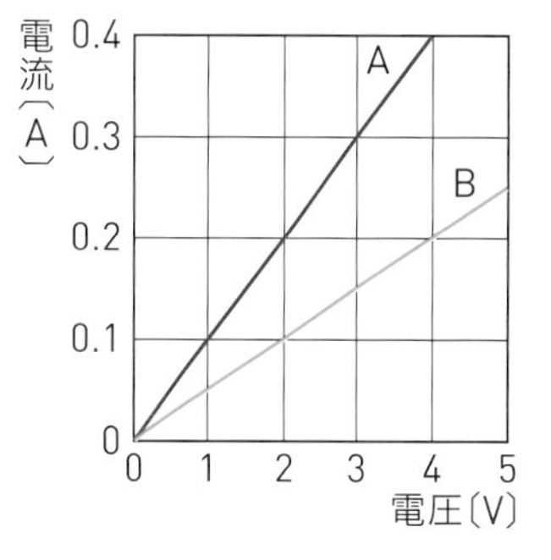

□ ❶ 抵抗器Ａ，Ｂのうち，抵抗が大きいのはどちらか。（　　　）

□ ❷ 抵抗器Ａの抵抗は何Ωか。（　　　　　Ω）

□ ❸ 抵抗器Ｂに12 Vの電圧を加えたとき，流れる電流は何Aか。（　　　　　A）

□ ❹ 抵抗器ＡとＢを並列につないで，その両端に4 Vの電圧を加えると，全体で何Aの電流が流れるか。（　　　　　A）

【 オームの法則(ほうそく) 】

❸ 抵抗R〔Ω〕の金属線の両端に，V〔V〕の電圧を加えたとき，流れる電流をI〔A〕とする。次の問いに答えなさい。

□ ❶ オームの法則を，R，V，Iの記号で表しなさい。（　　　　　）

□ ❷ オームの法則を使って，①～③を求めなさい。

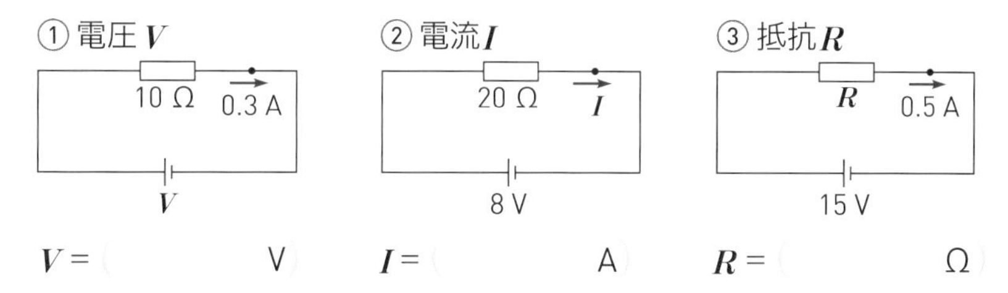

V =（　　　　　V）　I =（　　　　　A）　R =（　　　　　Ω）

【 物質の種類と抵抗のちがい 】

❹ 物質は，電気の通しやすさで，導体(どうたい)と不導体(ふどうたい)に分けられる。次の問いに答えなさい。

□ ❶ 導体と不導体の性質について正しく述べたものを，㋐～㋓からそれぞれ選び，記号で答えなさい。　導体（　　　）　不導体（　　　）

㋐ 抵抗がきわめて大きく，電気を通しやすい。

㋑ 抵抗がきわめて大きく，電気をほとんど通さない。

㋒ 抵抗が比較的(ひかくてき)小さく，電気を通しやすい。

㋓ 抵抗が比較的小さく，電気を通しにくい。

□ ❷ 次の物質は，導体，不導体のどちらか。

ゴム（　　　）　銅（　　　）

ガラス（　　　）　タングステン（　　　）

ヒント ❷❹並列回路なので，Ａ，Ｂにかかる電圧はどちらも4 Vです。

［解答▶p.19-20］

【 直列回路と並列回路の抵抗 】

❺ 右のグラフのような電圧と電流の関係をもつ電熱線 a，ｂを使って，図 1，2 のような回路をつくった。後の問いに答えなさい。

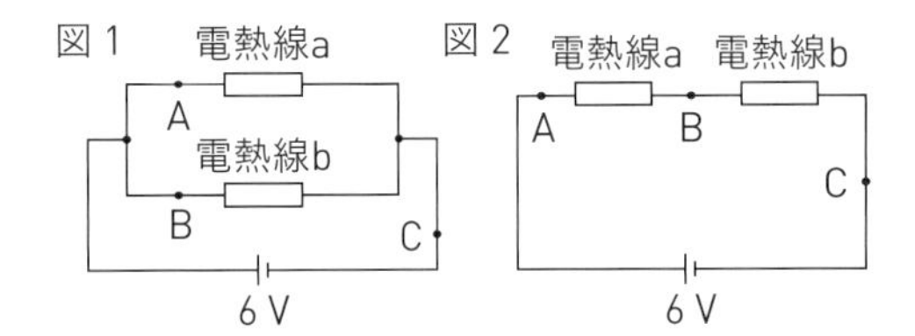

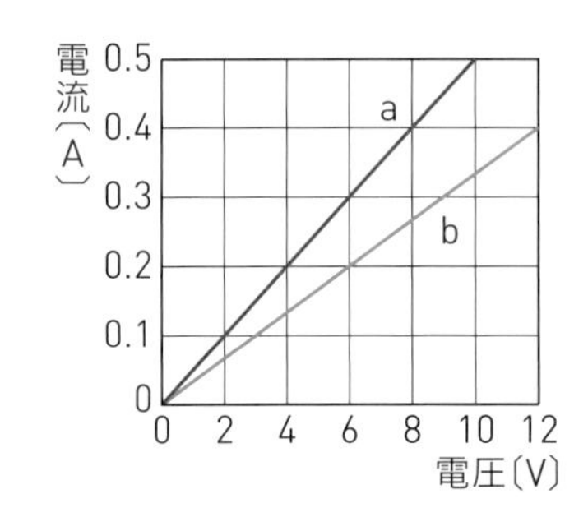

□ ❶ 電熱線 a，ｂの抵抗は，それぞれ何Ωか。
a（　　　　Ω）　b（　　　　Ω）

□ ❷ 図 1，図 2 の回路全体の抵抗は，それぞれ何Ωか。
図 1（　　　　Ω）　図 2（　　　　Ω）

□ ❸ 図 1 の回路で，A～C 点を流れる電流は，それぞれ何Aか。
A（　　　　A）　B（　　　　A）　C（　　　　A）

□ ❹ 図 2 の回路で，A～C 点を流れる電流は，それぞれ何Aか。
A（　　　　A）　B（　　　　A）　C（　　　　A）

□ ❺ 図 2 の回路で，AB 間に加わる電圧は，何Vか。（　　　　V）

【 ワット数と熱量 】

❻ 図のような装置で，水に6 V-6 Wの電熱線を入れ，6 Vの電圧を加え 5 分間電流を流し，水温を測定した。同じ実験を，6 V-9 W，6 V-18 Wの電熱線でも行った。下の表は，その結果である。次の問いに答えなさい。

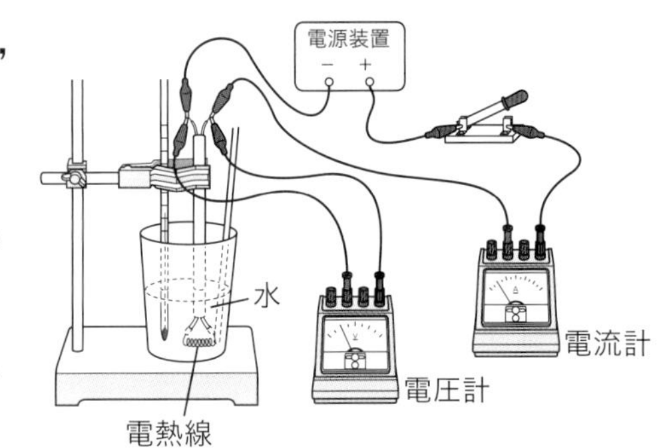

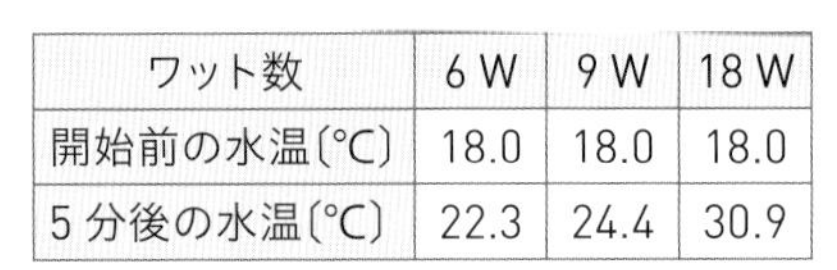

ワット数	6 W	9 W	18 W
開始前の水温〔℃〕	18.0	18.0	18.0
5 分後の水温〔℃〕	22.3	24.4	30.9

□ ❶ 6 V-9 Wの電熱線では，5 分後の水の上昇温度は何℃か。（　　　　℃）

□ ❷ 3 本の電熱線のうち，最も熱量が大きかったのは，何Wの表示のものか。（　　　　W）

□ ❸ 電熱線の表示にあるワット（記号W）とは，何の単位か。（　　　　）

□ ❹ 次の文の（　　）に当てはまる語句を入れなさい。
1 Wは，1 Vの電圧を加えて（①　　　　）の電流が流れたときに消費する❸の量で，ワット数が大きいものほど，熱量が（②　　　　）。

ミスに注意 ❺ 並列回路の全体の抵抗の大きさは，ひとつひとつの抵抗の大きさよりも小さくなります。

【 電気器具の消費電力 】

❼ 家の電気器具を調べていると，アイロンと電球に図のようなラベルや表示があった。次の問いに答えなさい。

アイロン

スチームアイロン
100 V-1400 W

電球

40 W
100V

□ ❶ このアイロンを100 Vの電源につないで，5 分間使用した。

① アイロンには，何Aの電流が流れているか。　（　　　A）

② 5 分間でアイロンから発生する熱量は，何Jか。　（　　　J）

□ ❷ この電球を100 Vの電源につないだ。

① この電球の消費電力はいくらか。　（　　　W）

② 電球は，内部のフィラメントという金属に電流を流して発熱し，明るく光っている。この電球のフィラメントの抵抗は何Ωか。　（　　　Ω）

□ ❸ この電球をつけた部屋で，30分間このアイロンを使った。ただし，ほかに電気器具は使っていないものとする。

① この30分間の消費電力は何Wか。　（　　　W）

② 消費された電力量は何Jか。　（　　　J）

【 電熱線に加える電圧と発熱量 】

❽ 図の装置で，電熱線に 5 分間電流を流した。そのときに加えた電圧と流れた電流，水100 gの上昇温度を調べ，表にまとめた。次の問いに答えなさい。

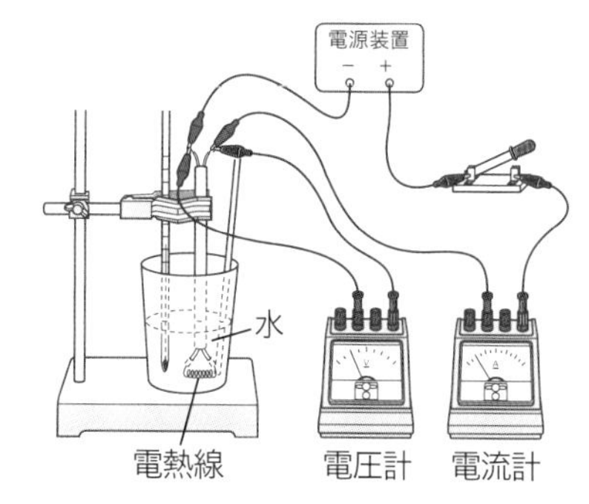

電圧〔V〕	2.0	4.0	6.0	8.0
電流〔A〕	0.5	1.0	1.5	2.0
上昇温度〔℃〕	0.6	2.4	5.6	10.1
水が得た熱量〔cal〕	60	240	560	1010
電力〔W〕	❷	4.0	9.0	16.0
発生した熱量〔J〕	❸	1200	2700	4800

□ ❶ この電熱線の抵抗は何Ωか。　（　　　Ω）

□ ❷ 電圧が2.0 Vのとき，消費した電力は何Wか。　（　　　W）

□ ❸ ❷で発生した熱量は何Jか。　（　　　J）

□ ❹ 電圧が2.0 Vのとき，水が得た熱量は何Jになるか。ただし，1 cal＝4.2 Jとする。　（　　　J）

ミスに注意　❼ 熱量や電力量を求めるとき，時間は秒に直してから計算しましょう。

［解答▶p.19-20］

Step 1 基本チェック　第3章 電流と磁界

10分

赤シートを使って答えよう！

❶ 電流がつくる磁界

▶ 教 p.274-277

- □ 磁石にほかの磁石を近づけると，引き合ったり反発し合ったりする力を［磁力（じりょく）］という。
- □ 磁力がはたらく空間を［磁界（じかい）］（磁場（じば））という。
- □ 磁針のN極が指す向きを［磁界の向き（じかいのむき）］という。
- □ 磁界のようすを表した線を［磁力線（じりょくせん）］という。

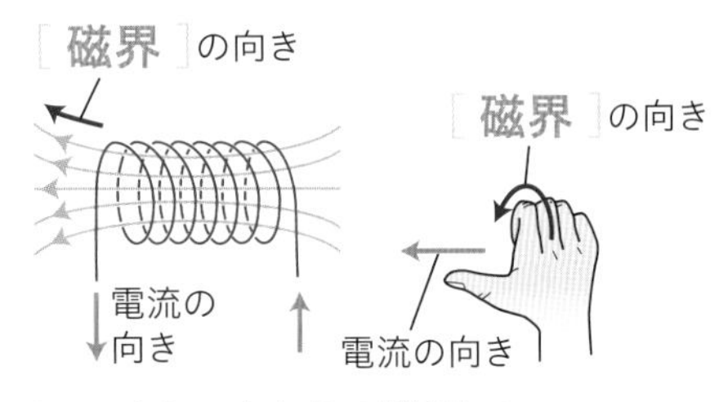

□ コイルのまわりの磁界

❷ モーターのしくみ

▶ 教 p.278-281

- □ 電流が磁界から受ける力の向きは，［電流］の向きと磁界の［向き］によって決まる。

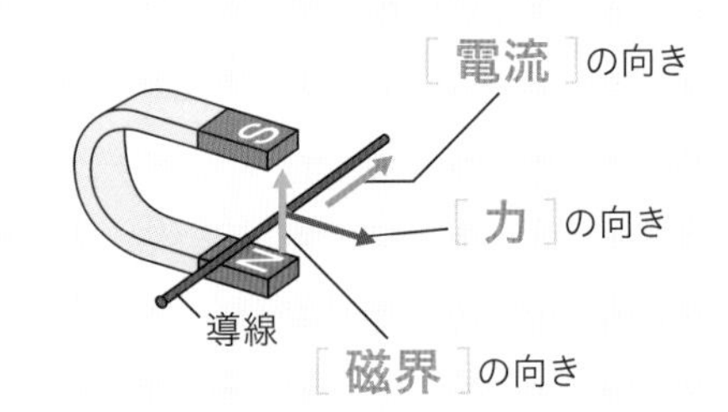

□ 電流が磁界から受ける力

❸ 発電機のしくみ

▶ 教 p.282-285

- □ コイルの内部の磁界が変化すると，その変化にともない電圧が生じてコイルに電流が流れる。この現象を［電磁誘導（でんじゆうどう）］といい，このときに流れる電流を［誘導電流（ゆうどうでんりゅう）］という。
- □ 誘導電流は磁界の変化が［大きい］ほど，また，コイルの巻数が［多い］ほど，大きくなる。

❹ 直流と交流

▶ 教 p.286-289

- □ 一定の向きに流れる電流を［直流（ちょくりゅう）］といい，向きが周期的に変化する電流を［交流（こうりゅう）］という。
- □ 1秒あたりの波のくり返しの数を［周波数（しゅうはすう）］といい，単位は［ヘルツ］（記号Hz）が使われる。

誘導電流が流れるのはコイル内部の磁界が変化するときだけであることを理解しておこう。

Step 2 予想問題　第3章 電流と磁界

30分
（1ページ10分）

【 磁石のまわりの磁界 】

❶ 図1は，棒磁石のまわりの磁界のようすを表したものである。次の問いに答えなさい。

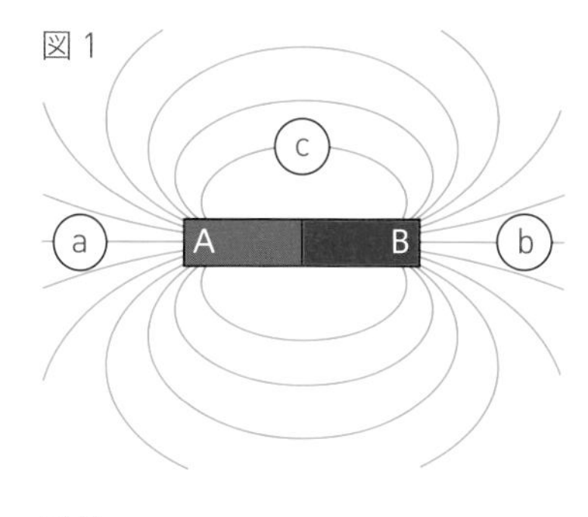

図2

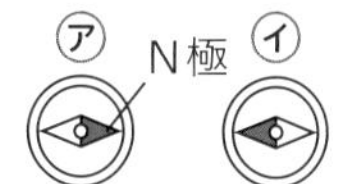

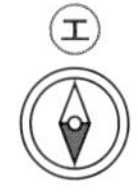

□ ❶ 図1のaの位置に磁針を置くと，図2の㋐のようになった。棒磁石のAは何極か。（　　　）

□ ❷ 図1のb，cの位置に磁針を置くと，それぞれ磁針の向きは図2の㋐～㋓のどの向きになるか。
b（　　　）　c（　　　）

□ ❸ 図1の曲線は，磁界の中に置いた磁針が指す向きにそってかいた線である。このような曲線を何というか。（　　　）

【 電流による磁界 】

❷ 電流によって生じる磁界について，後の問いに答えなさい。

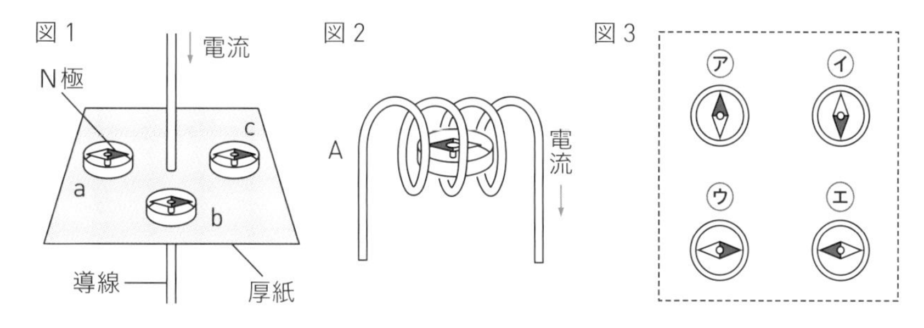

□ ❶ 図1のように，厚紙の上から下向きに導線に電流を流した。
① 図の手前で真上から見たときのa～cの磁針のようすはどうなるか。図3の㋐～㋓から選び，記号で答えなさい。
a（　　　）　b（　　　）　c（　　　）
② 導線に流す電流の向きを逆にすると，導線のまわりの磁界の向きはどうなるか。（　　　）

□ ❷ 図2のように，矢印の向きにコイルに電流を流した。
① 図の手前で真上から見たときのコイル内の磁針のようすはどうなるか。図3の㋐～㋓から選び，記号で答えなさい。（　　　）
② コイルのA側は磁石の何極に相当するか。（　　　）

ミスに注意　❷ 導線を流れる電流のまわりの磁界は，右手を使って確かめましょう。

［解答▶p.21］

単元4

【 磁界の中で電流が受ける力 】

❸ 図のような装置をつくって，電流が磁界の中で受ける力を調べた。手回し発電機を回転させると，アルミニウムはくが矢印㋐の向きに動いた。次の問いに答えなさい。

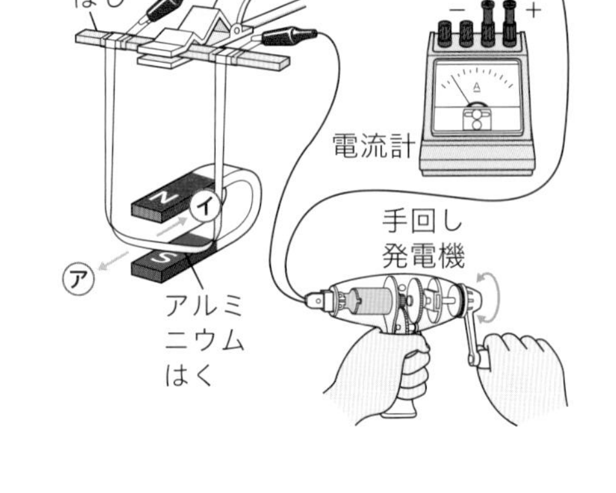

□ ❶ 手回し発電機を回す速さを変えると，回路に流れる電流の何が変わるか。（　　　　）

□ ❷ 手回し発電機を回す速さを速くすると，速くする前に比べて，アルミニウムはくの動き方はどうなると考えられるか。（　　　　）

□ ❸ 手回し発電機を回す向きを変えると，何が変わるか。ⓐ，ⓑから選び，記号で答えなさい。（　　　　）

ⓐ 電流の大きさ　　ⓑ 電流の向き

□ ❹ 手回し発電機を回す向きを変えたとすると，アルミニウムはくは，㋐，㋑のどちらの向きに動くと考えられるか。（　　　　）

□ ❺ 手回し発電機を回す速さや向きを変えずに，アルミニウムはくが動く向きを変えるにはどうしたらよいか。簡単に説明しなさい。

（　　　　）

【 モーターの原理 】

□ **❹ 図のような装置で，コイルに電流を流した。図の整流子ａはコイルのＡに，整流子ｂはコイルのＤにつながっている。コイルのＡ→Ｂの向きに電流が流れており，コイルのAB部分は矢印の向きに力を受けている。このとき，CD部分は㋐，㋑のどちらの向きに力を受けるか。**（　　　　）

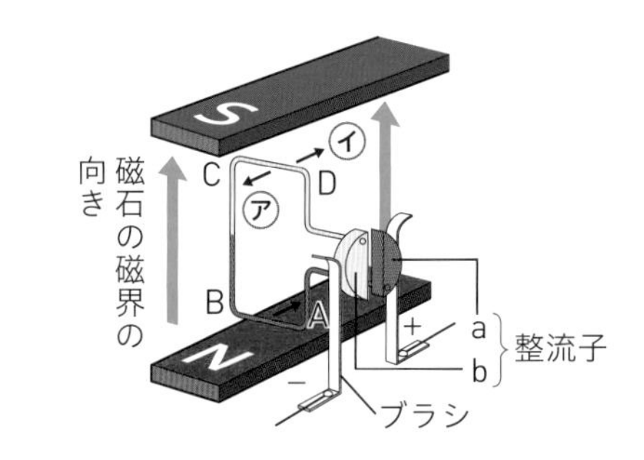

ヒント ❸❺アルミニウムはくが受ける力の向きは，電流の向きと磁界の向きによって決まります。

【電磁誘導】

❺ 図のようなコイルに棒磁石のN極を近づけると，検流計の針が右に動いた。次の問いに答えなさい。

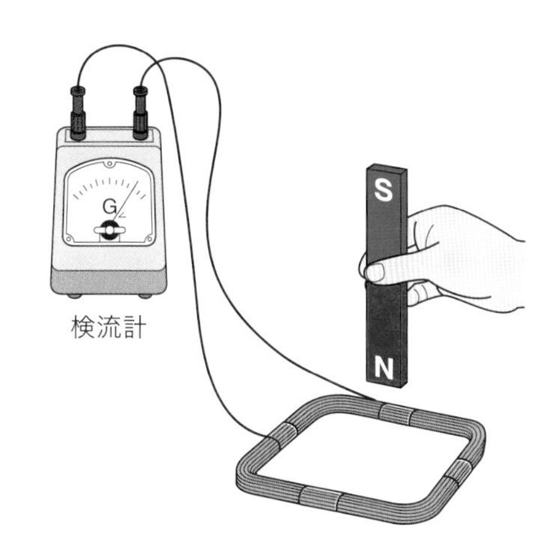

□ ❶ 検流計の針が動くのは，コイルの内部の何が変化するためか。（　　　　）

□ ❷ ❶のような現象で生じる電流を何というか。（　　　　）

□ ❸ 検流計の針が右に動くときを＋，左に動くときを－，中央にもどるときを0とするとき，①～⑤の順に操作すると，検流計の針はそれぞれどのように動くか。＋，－，0のいずれかで答えなさい。

① コイルにN極を近づける。（　　）
② コイルの中にN極を入れたまま，動きを止める。（　　）
③ コイルからN極をとり出す（遠ざける）。（　　）
④ ①のはじめの位置まで磁石をもどしたら動きを止める。（　　）
⑤ 棒磁石の向きを逆にし，コイルにS極を近づける。（　　）

□ ❹ 生じる電流の大きさを大きくするにはどうすればよいか。2つ答えなさい。
（　　　　）（　　　　）

【直流と交流】

❻ 下の㋐，㋑は，オシロスコープで見た直流と交流の波の形，㋒，㋓は，2つの発光ダイオードの向きを逆にして，並列につないだものに直流や交流を流し，すばやく動かして点灯のしかたを比べた写真である。次の問いに答えなさい。

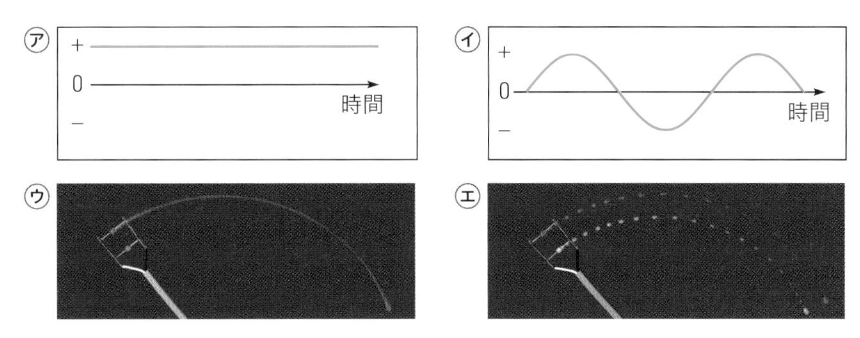

□ ❶ 交流の場合の波の形と写真はそれぞれどれか。（　　と　　）

□ ❷ これらの実験からわかる交流の特徴を書きなさい。
（　　　　）

ミスに注意 ❻ 発光ダイオードは一方向にしか電流を流さない性質があり，正しい向きに電流が流れたときだけ点灯します。

［解答▶p.21］

Step 3 予想テスト 単元4 電気の世界

30分 /100点 目標 70点

1 図のようなクルックス管の電極a，bに高い電圧を加え，放電した。次の問いに答えなさい。 思

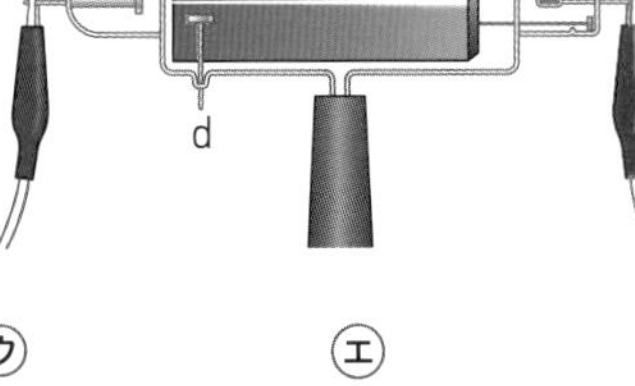

□ 1 電極b，cを＋極，電極a，dを－極にして電圧を加えると，陰極線はどのように変化するか。㋐～㋓から選び，記号で答えなさい。

□ 2 1の変化から，陰極線についてどのようなことがいえるか。

㋐ ㋑ ㋒ ㋓

2 図1のような電源装置，電熱線，電流計，電圧計，スイッチを使って回路をつくり，電熱線の両端に加える電圧を変化させ，電熱線に流れる電流を測定した。次の問いに答えなさい。 技

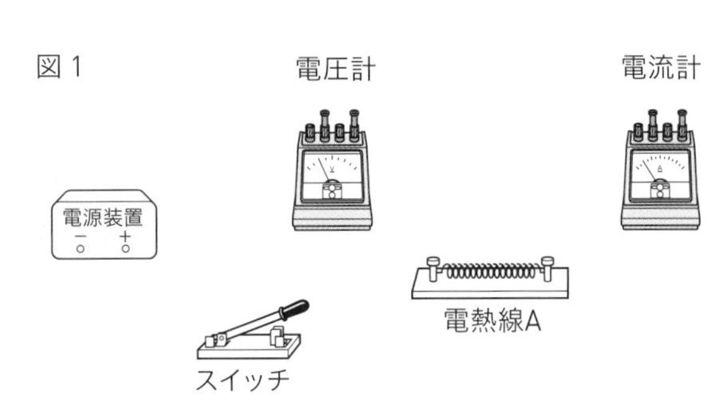

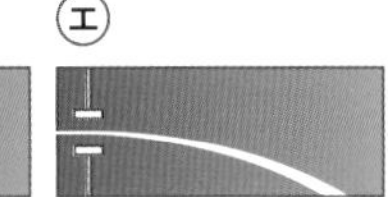

□ 1 この実験を行うには電源装置，電熱線，電流計，電圧計，スイッチをどのようにつなげばよいか。解答欄の図に導線をかき入れて，回路を完成させなさい。

□ 2 1の回路図を，電気用図記号を使って解答欄にかきなさい。

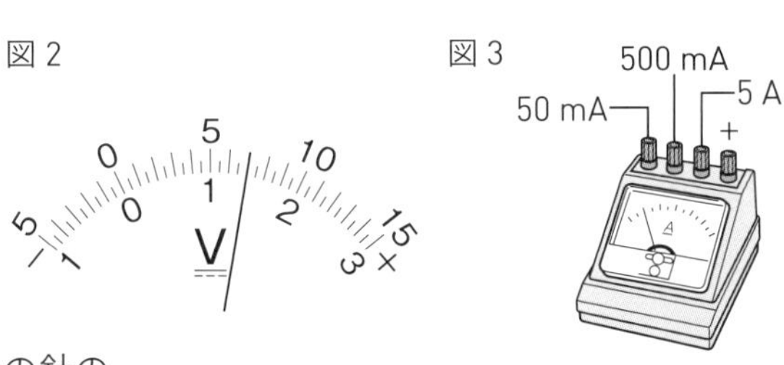

□ 3 電圧計の15 Vの端子に接続したとき，電圧計の針のふれは図2のようになった。電圧の大きさは何Vか。

□ 4 図3の電流計で回路に流れる電流を測定するとき，回路に流れる電流の大きさが予想できない場合，電流計の－端子はどの端子を使えばよいか。

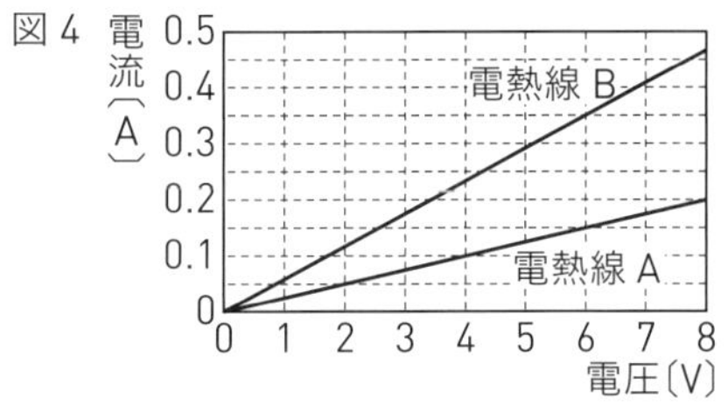

□ 5 図4のグラフは，2種類の電熱線についての測定結果をまとめたものである。電熱線A，Bで6 Vの電圧を加えたときに流れる電流の大きさはそれぞれ何mAか。

□ 6 電熱線を流れる電流と電圧の関係はどのような関係といえるか。また，このような関係を何の法則というか。

□ ❼ このグラフから，電流が流れにくいのは電熱線Ａ，Ｂのどちらか。

□ ❽ 電熱線Ａの抵抗は何Ωか。

❸ 家庭で使われているオーブントースター（100 V－1000 W）と，電気ポット（100 V－750 W）について，次の問いに答えなさい。 思

□ ❶ 1 Vの電圧を加え1 Aの電流を流したときの電力はいくらか。

□ ❷ オーブントースターと電気ポットを，100 Vの電圧が加えられている家庭用のコンセントにつなぐと，それぞれ何Aの電流が流れるか。

□ ❸ オーブントースターを使用するとき，1 秒間に生じる熱量は何Jか。

□ ❹ 消費電力が1000 Wの電気ポットを使用して，同温，同量の水を同じ温度まで加熱するとき，加熱時間は750 Wの電気ポットと比べてどのようになるか。適当なものを㋐～㋓から選び，記号で答えなさい。

㋐ 消費する電力量は同じで，加熱時間は短くなる。

㋑ 消費する電力量は同じで，加熱時間は長くなる。

㋒ 消費する電力量は大きく，加熱時間は短くなる。

㋓ 消費する電力量は大きく，加熱時間は長くなる。

□ **❹ 電流が流れているコイルや導線のまわりに置いた磁針のようすについて，㋐～㋓から誤りのあるものを 1 つ選び，記号で答えなさい。** 技

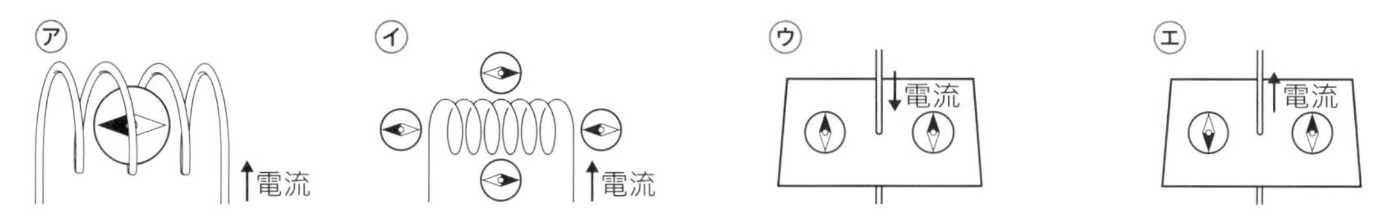

テスト前 ✓ やることチェック表

① まずはテストの目標をたてよう。頑張ったら達成できそうなちょっと上のレベルを目指そう。
② 次にやることを書こう（「ズバリ英語〇ページ，数学〇ページ」など）。
③ やり終えたら□に✓を入れよう。
最初に完ぺきな計画をたてる必要はなく，まずは数日分の計画をつくって，
その後追加・修正していっても良いね。

目標

	日付	やること 1	やること 2
2週間前	／	□	□
	／	□	□
	／	□	□
	／	□	□
	／	□	□
	／	□	□
	／	□	□
1週間前	／	□	□
	／	□	□
	／	□	□
	／	□	□
	／	□	□
	／	□	□
	／	□	□
テスト期間	／	□	□
	／	□	□
	／	□	□
	／	□	□
	／	□	□

キリトリ線

QRコードのページに登録すると，「ぴたリンク」からも表をダウンロードできるよ

テスト前 ☑ やることチェック表

① まずはテストの目標をたてよう。頑張ったら達成できそうなちょっと上のレベルを目指そう。
② 次にやることを書こう（「ズバリ英語○ページ，数学○ページ」など）。
③ やり終えたら□に✔を入れよう。
最初に完ぺきな計画をたてる必要はなく，まずは数日分の計画をつくって，
その後追加・修正していっても良いね。

目標

	日付	やること 1	やること 2
2週間前	／	□	□
	／	□	□
	／	□	□
	／	□	□
	／	□	□
	／	□	□
	／	□	□
1週間前	／	□	□
	／	□	□
	／	□	□
	／	□	□
	／	□	□
	／	□	□
	／	□	□
テスト期間	／	□	□
	／	□	□
	／	□	□
	／	□	□
	／	□	□

QRコードのページに登録すると，「ぴたリンク」からも表をダウンロードできるよ

東京書籍版 理科２年 ｜ 定期テスト ズバリよくでる ｜ 解答集

化学変化と原子・分子

p.3-5 Step 2

❶ ① 二酸化炭素
② 使うもの…塩化コバルト紙
変化…青色から桃色に変わる。
③ 加熱後の物質
④ ㋑
⑤ アルカリ性
⑥ 試験管の口についた水が加熱部分に流れてくることによって，試験管が割れるのを防ぐため。
⑦ 操作…ガラス管の先を水槽の水の中から出す。
理由…水槽の水が逆流して，試験管が割れてしまうのを防ぐため。

❷ ① 水酸化ナトリウム
② 水に電流を流すため。
③ ⓐ 水素　ⓑ 酸素
④ ⓐ：ⓑ＝２：１
⑤ C…陰極　D…陽極
⑥ ⓐ ㋓　ⓑ ㋒
⑦ ① ㋑　② ㋐
⑧ 電気分解

❸ ① Ca　② Mg　③ Ag　④ Na　⑤ Al
⑥ Fe　⑦ K　⑧ Zn　⑨ Cu　⑩ H
⑪ C　⑫ N　⑬ O　⑭ S　⑮ Cl

❹ ① モデル…●●　化学式…O_2
② モデル…◎◎　化学式…N_2
③ モデル…○●○　化学式…H_2O
④ モデル…○○　化学式…H_2

❺ ① １種類
② ２種類以上
③ ① CO_2　② Cu　③ Mg　④ H_2
⑤ NaCl　⑥ CuO
④ 単体…②，③，④　化合物…①，⑤，⑥

考え方

❶ 炭酸水素ナトリウムを熱すると，二酸化炭素と水と炭酸ナトリウムに分解(ぶんかい)される。
① 石灰水(せっかいすい)を白くにごらせるかどうか調べるのは，二酸化炭素の代表的な確認方法である。
② 炭酸水素ナトリウムを熱してできた水は，熱した試験管の内側につく。水ができることを確認するため，実験に用いる試験管は，かわいたものを使う。
塩化コバルト紙は，水にふれると，青色から桃(もも)色に変わる。
③ 炭酸水素ナトリウムよりも，加熱後にできる炭酸ナトリウムの方が水にとけやすい。
④⑤ 炭酸水素ナトリウムは，水に少しとけて弱いアルカリ性を示す。炭酸ナトリウムは，水によくとけて強いアルカリ性を示す。アルカリ性が強いほど，フェノールフタレイン溶液(ようえき)の赤色はこくなる。
⑥ 熱している部分に水が流れると，温度の急激な変化で試験管が割れることがある。
⑦ ガラス管の先を水の中に入れたまま火を消すと，熱した試験管に水槽(すいそう)の水が流れこみ，試験管が割れることがある。

❷ 水の電気分解(でんきぶんかい)の実験である。電気分解とは，物質に電流を流して分解することである。
①② 純粋(じゅんすい)な水は，そのままでは電流がほとんど流れないが，水酸化ナトリウムなどをとかすと，電流が流れるようになる。水酸化ナトリウムの固体や水酸化ナトリウム水溶液は，皮膚(ひふ)や衣類をいためることがあるので，とりあつかいには十分注意する。
③④ 水の電気分解の実験では，発生する気体の体積が大きい方が水素であることを覚えておくこと。発生した水素と酸素の体積の比が２：１になることもあわせて覚えておくとよい。

❼ ① 電流を流しているとき，ピンチコックでゴム管を閉じたままにしておくと，気体の発生にともなってゴム栓が勢いよくぬけてしまうことがあり，危険である。
② 気体の性質を調べるときにピンチコックを外していると，中の液がビーカーへ流れ出てしまう。

❸ 元素記号は，化学式で表すとき必要になる。ここであげた元素記号は書けるようにしておくこと。

❹ 空気中に存在している水素や酸素，窒素などの気体は，1種類の原子が2個結びついて分子をつくっている。水は，2種類以上の原子が結びついた化合物。
O_2の2の数字は原子の数を表し，化学式を書くときに大きく書かないように注意する(O2のように書いてはいけない)。

❺ 化学式の中に2種類以上の元素があるものは，化合物である。分子か分子でないかは，物質によって決まっており，化学式から判断することはできない。
銅(②)とマグネシウム(③)は，1種類の元素がたくさん集まってできた物質で，単体であるが分子ではない。
水素(④)は，1種類の元素からできた単体の気体で，分子である。
二酸化炭素(①)は，2種類以上の元素からできた化合物で，分子である。
塩化ナトリウム(⑤)と酸化銅(⑥)は，2種類以上の元素からできた化合物であるが，原子が切れ目なく並んでおり，分子にはならない。塩化ナトリウムや酸化銅の化学式は，原子の数の比を表している。

p.7-9 Step 2

❶ ❶ ㋑
❷ A
❸ A…㋐　B…㋑
❹ A
❺ **硫化鉄**
❻ **純粋な物質**

❷ ❶ 2個
❷ ① ㋕　② ㋑　③ ㋒

❸ ❶ **黒色**
❷ **酸化銅**
❸ **熱や光を出しながら激しく燃えた。**
❹ **酸化マグネシウム**
❺ **酸化**
❻ **燃焼**

❹ ❶ **白くにごる。**
❷ **二酸化炭素**
❸ **水**
❹ ㋑，㋒

❺ ❶ ① **炭素**　② **銅**　㋐ **還元**　㋑ **酸化**
❷ $2CuO + C \rightarrow 2Cu + CO_2$
❸ **水素**
❹ **水**
❺ $CuO + H_2 \rightarrow Cu + H_2O$
❻ 白色…**酸化マグネシウム**
黒色…**炭素**

考え方

❶ ❶ 鉄と硫黄の反応が始まると熱や光が発生する。この熱によって，加熱しなくても反応が進む。
❷ 反応後の物質は，鉄，硫黄どちらの性質ももち合わせていない。鉄と硫黄は，化学変化によって別の物質である硫化鉄になった。
❸ 硫化鉄にうすい塩酸を加えると，硫化水素という腐卵臭(くさった卵のようなにおい)のする有毒な気体が発生する。一方，Aの物質にうすい塩酸を加えると，鉄粉と塩酸が反応し，無臭の気体である水素が発生する。
❹ Aは，鉄と硫黄が混ざり合った混合物である。
❻ 硫化鉄は化合物で，純粋な物質である。この実験の，加熱前の鉄粉と硫黄の粉末を混ぜ合わせたものは，混合物である。

❷ ❶ 化学式に出てくる原子の個数は，化学式の前に書かれた数字と原子の記号の右下に書かれた数字とのかけ算によって求められる。$2H_2O$の場合，酸素原子の個数は2×1＝2より２個，水素原子の個数は2×2＝4より４個になる。

❷ 化学式をモデルで表すときには，同種の原子は全て同じモデルで表す。化学反応式では，矢印(→)の左右でそれぞれの原子の数の合計が等しくならなければならない。したがって，㋐と㋓は化学変化をモデルで正しく表しているとはいえない。
教科書の化学反応式のつくり方を見直そう。

❸ 銅板をガスバーナーで加熱すると，多量の熱や光を発生することなく，金属光沢のない黒色の物質になる。このとき，銅の表面は空気中の酸素と結びつき，酸化銅に変化する。
マグネシウムを加熱すると，マグネシウムに火がつき，熱や光を出しながら激しく燃えて，酸化マグネシウムに変化する。
銅とマグネシウムの上記の反応はどちらも酸化であるが，マグネシウムのように熱や光を出しながら激しく反応する酸化を，特に燃焼という。

❹ 木や木炭，ロウなどの有機物は，主に炭素と水素からできた化合物である。有機物を燃焼させると，有機物にふくまれる炭素や水素が酸化されて，二酸化炭素や水ができる。

❹ 有機物の燃焼は，有機物にふくまれる炭素と水素がそれぞれ酸化されて二酸化炭素と水になる反応である。

❺ 酸化物が酸素をうばわれる化学変化を還元という。酸化物が還元されるとき，酸素をうばった物質はその酸素と結びつき，酸化される。このように，還元と酸化は同時に起こる。

❶〜❺ 炭素や水素は酸素と結びつく力が強いので，水素は酸化銅から酸素をうばいとることができ，単体の銅が残る。

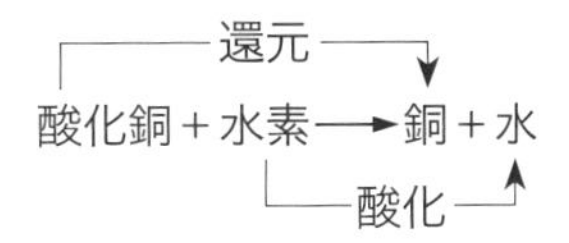

この反応を化学反応式で表すと，
$CuO + H_2 \rightarrow Cu + H_2O$
となり，酸化銅が還元されるのと同時に，水素は酸化されて水となる。

❻ マグネシウムは，酸素と非常に結びつきやすいので，二酸化炭素からも酸素をうばいとることができる。つまり，マグネシウムが酸化されるので酸化マグネシウムの白い物質ができ，二酸化炭素が還元されて炭素の黒い物質ができる。

p.11-13 Step ❷

❶ ❶ **大きくなる。**
❷ ① **硫酸バリウム**
② **変わらない。**

❷ ❶ ㋑
❷ ㋐

❸ ❶ ㋑
❷ **酸化鉄**
❸ ㋒

❹ ❶ **酸化銅**
❷ $2Cu + O_2 \rightarrow 2CuO$
❸ **大きくなる。**
❹ ㋒
❺ **銅，酸化銅**
❻ **銅が全て酸化した（酸化銅になった）から。**
❼ **0.5 g**
❽ **4 ： 1**
❾ **1.875 g**

❺ ❶ $2Mg + O_2 \rightarrow 2MgO$
❷ ① **5個** ② **5個**
❸ ① **0.4 g** ② **0.6 g** ③ **0.1 g**

❻ ❶ ① ㋐ ② ㋑
❷ ① ㋐ ② ㋐ ③ ㋐ ④ ㋐ ⑤ ㋑

③ 温度が上がる反応…**発熱反応**
温度が下がる反応…**吸熱反応**

考え方

❶ ① スチールウールが空気中の酸素と結びついた分，質量は大きくなる。
② ② 沈殿が生じる化学変化でも，物質をつくる原子の組み合わせが変化しただけで，原子が新しくできたわけではない。全体の原子の数は変わらないので，反応前後で物質全体の質量は変わらない。これを質量保存の法則という。

❷ うすい塩酸と炭酸水素ナトリウムの反応によって，塩化ナトリウムと水，二酸化炭素が発生する。
① 容器が密閉されていれば，発生した二酸化炭素が容器内に閉じこめられるので，全体の質量に変化はない。
② 容器のふたをあけると，発生した二酸化炭素は容器の外に出ていくので，全体の質量は小さくなる。

❸ ① スチールウール(鉄)と酸素が結びつき，酸化鉄ができる。フラスコは密閉されているので，全体の質量は変わらないが，フラスコ内の気体は少なくなっている。
③ ピンチコックをゆるめると，空気中からフラスコ内に空気が入るので，再びピンチコックを閉じて全体の質量をはかると，入った空気の分だけ大きくなる。

❹ 粉末状の銅をステンレス皿の上にうすく広げると，銅が空気中の酸素とふれあう面積が広くなるので，酸化をまんべんなく行うことができる。
③ ④ 銅と結びついた酸素の分だけ，全体の質量は大きくなる。
⑤ 2回目の加熱が終わった時点では，質量は大きくなり続けているので，ステンレス皿の上には，まだ酸素と結びついていない銅が残っている。
⑥ 2種類の物質が結びつくときの質量の割合はいつも一定であるので，空気中の酸素がなくならなくても，一定の量の銅に結びつく酸素の最大の量には限度がある。4回目の加熱から，全体の質量が変化していないので，ステンレス皿の上の銅は全て酸素と結びつき，酸化銅になったことがわかる。
⑦ 図2のグラフから読みとる。グラフが一定になったときの「酸化銅の質量」は，反応前の「銅の質量」と「結びついた酸素の質量」の和なので，結びついた酸素の質量は，
$2.5-2.0=0.5$より，0.5 gである。
⑧ 銅と酸素が結びつく質量の比は，
$2.0:0.5=4:1$
⑨ 1.5 gの銅と結びつく酸素の最大の質量をx〔g〕とすると，
$1.5\text{ g}:x=4:1$
$4x=1.5\text{ g}$
$x=0.375\text{ g}$
求めるのは化合物の質量なので，銅の質量を加えて，
$1.5\text{ g}+0.375\text{ g}=1.875\text{ g}$

❺ ① ② マグネシウムが酸素と結びつくときの化学反応式は，$2Mg+O_2\rightarrow 2MgO$である。化学式の前の数字から，マグネシウムの原子2個に対して，酸素の分子1個が結びつくことがわかる。したがって，マグネシウムの原子10個と結びつく酸素分子は，
$10\times\frac{1}{2}=5$より5個であり，残りの酸素分子は$10-5=5$より5個である。
③ ① $1.1-0.7=0.4$より，この質量の増加分0.4 gが，結びついた酸素の質量である。
② マグネシウムと酸素は質量の比で3：2で反応することから，0.4 gの酸素に対しては，$0.4\times\frac{3}{2}=0.6$より，0.6 gのマグネシウムが反応する。
③ 酸素と反応していないマグネシウムは，$0.7-0.6=0.1$より，0.1 gである。

❻ ❶ 化学変化が起こるときは，温度が上がる場合と下がる場合があり，熱が出入りする。
温度が上がるのは，化学変化が起こるときに熱を周囲に出す場合であり，化学変化の後に熱ができた(放出した)と考えられる㋐では，温度が上がる。このように，温度が上がる反応を発熱反応という。
一方，㋑では化学変化が起こるときに周囲から熱がうばわれて，温度が下がる。このように，温度が下がる反応を吸熱反応という。

❷ ①の化学変化は燃焼で，温度が上がる反応である。生活の中でも，ガスコンロやガスファンヒーターなど，都市ガスを燃焼したときに発生する熱を利用するものがある。
②で起こる化学変化は燃焼で，温度が上がる反応である。ロケットの燃料には，液体水素と液体酸素が使われており，水素と酸素の混合物に点火したときの爆発的な反応で生じる熱を利用することで，ロケットを発射させている。
③で起こる化学変化は酸化で，温度が上がる反応である。化学かいろの中には鉄粉と活性炭を混ぜたものが入っている。酸化は酸素がなければ起こらないので，市販の化学かいろは酸素をとり除いて密封しておくことで，ふくろをあけてから化学変化が起こるようにつくられている。
④では水素が発生し，温度が上がる。
⑤ではアンモニアが発生し，温度が下がる。

p.14-15 Step ❸

❶ ❶ **初めのうちに出てくる気体は試験管の中にあった空気だから。**
❷ **白くにごる。**
❸ **二酸化炭素**
❹ **桃色**
❺ **水**
❻ **炭酸ナトリウム**
❼ **熱した試験管に水が流れこみ，急な温度変化で試験管が割れないようにするため。**

❷ ❶ ㋒
❷ b
❸ a…㋓　b…㋐

❸ ❶ **二酸化炭素**
❷ **赤色**
❸ ㋒
❹ **銅**
❺ ① **Cu**　② **CO_2**　③ **還元**　④ **酸化**

❹ ❶ **二酸化炭素**
❷ **等しい。**
❸ **質量保存の法則**
❹ **小さくなった。**

考え方

❶ 炭酸水素ナトリウムを加熱すると，炭酸ナトリウムと二酸化炭素と水に分解される。
❶ 加熱後，初めのうちは試験管の中にあった空気が出てくるので，気体を集めた試験管の１本目は使わずに，２本目から集めた気体を実験に使うとよい。
❷ ❸二酸化炭素は石灰水を白くにごらせる。
❹ ❺青色の塩化コバルト紙は水と反応して桃色に変化する。
❻ 炭酸ナトリウムは，炭酸水素ナトリウムよりも水によくとけて，水溶液は強いアルカリ性を示す。
❼ ガラス管の先を水の中に入れたままで火を消すと，水槽の水が熱した試験管に流れこみ，試験管が急に冷やされ割れることがある。

❷ ❶ 鉄粉と硫黄の粉末をよく混ぜて加熱すると，反応が始まり，加熱をやめても激しく熱や光が出て，その熱によって反応が続く。
❷ 反応が終わった筒 a の中には硫化鉄ができている。硫化鉄は鉄でも硫黄でもない物質であり，磁石に引き寄せられない。弱い磁石を使うと，鉄と硫化鉄の引き寄せられ方のちがいがわかりやすい。

③ 硫化鉄に塩酸を加えると腐卵臭のする硫化水素が発生し，加熱しないままにした鉄と硫黄の混合物では，鉄と塩酸が反応して水素が発生する。
硫化水素は有毒な気体なので，においを確認する程度にし，吸いこまないようじゅうぶんに注意する。

❸ 酸化銅と炭素粉末を混ぜ合わせて加熱すると，酸化銅が還元されて銅になり，炭素が酸化されて二酸化炭素が発生する。これは，酸化銅の中の酸素が，銅よりも炭素と結びつきやすいために，炭素が酸化銅から酸素をうばって二酸化炭素になり，銅が単体として残るからである。

①② 反応でできた銅と二酸化炭素のうち，二酸化炭素は気体なので，ガラス管を通って試験管の外に出ていき，石灰水を白くにごらせる。試験管に残るのは，還元された赤色の銅である。

③〜⑤ この反応を化学反応式に表すと，
$2CuO + C \rightarrow 2Cu + CO_2$
化学反応式で表すと，物質をつくる原子の組み合わせがどのように変化したかがわかりやすい。試験管の中で炭素(C)が酸化銅(CuO)から酸素(O)をうばい，気体の二酸化炭素(CO_2)となって試験管を出ていったので，試験管の中に残っている銅(Cu)の質量は，加熱前の酸化銅1.3 gと炭素粉末0.1 gを合わせた1.4 gから，酸化銅中の酸素と炭素が結びついてできた二酸化炭素の分の質量が小さくなったものになっている。なお，ここでは炭素がうばった酸素原子の質量はわからない。

❹ ① うすい塩酸と炭酸水素ナトリウムを反応させると，塩化ナトリウムと水，気体の二酸化炭素が発生する。

② 容器は密閉されているので，発生した二酸化炭素も容器内に閉じこめられたままとなり，全体の質量は反応の前後で変わらない。

③ 反応の前後で物質全体の質量が変わらないことを，質量保存の法則という。この法則は，化学変化だけでなく，状態変化などの物質の変化全てになり立つ。

④ 気体が発生する反応なので，容器のふたをゆるめると，容器の外に出ていった気体(二酸化炭素)の分だけ全体の質量は小さくなる。

生物のからだのつくりとはたらき

p.17-18 **Step 2**

❶ ① A…**ミジンコ**　B…**クンショウモ**
C…**アメーバ**　D…**ハネケイソウ**
② **B，D**

❷ ① **葉脈**
② **孔辺細胞**
③ **気孔**
④ **b**

❸ ① A…**核**　B…**細胞壁**　C…**液胞**
D…**細胞膜**　E…**葉緑体**
② **B，C，E**

❹ ① **㊁**
② **核**
③ **B**
④ **葉緑体**

❺ ① 細胞…**a**　組織…**f**　器官…**h**　個体…**d**
② 細胞…**b**　組織…**c**　器官…**g**　個体…**e**
③ **核**
④ **㋒**

考え方

❶ Aはミジンコで，触覚を動かして自由に動き回ることができる。Cのアメーバも，はうようにして動く。BのクンショウモとDのハネケイソウは緑色をしていて，動き回ることはできない。

❷ ① 葉の表面に見られる筋のようなつくりを葉脈という。葉脈には管のようなものが集まっていて，これを維管束という。

❹ 葉の表側は，細胞がぎっしり並んでおり，気孔の数が少ない。葉の裏側は，細胞の間にすきまがあり，気孔が多い。

❸ Aの核，Dの細胞膜は，植物と動物の細胞に共通のつくりである。Bの細胞壁，Cの発達した液胞，Eの葉緑体は，植物の細胞の特徴的なつくりである。

❹ ❶❷ 細胞の中にある核を見やすくするために，酢酸オルセインや酢酸カーミンなどの染色液が使われる。これらの染色液により，核は赤く染まる。

❸ 葉緑体は染色液で染まらないので，染色した細胞では，ほとんど核と細胞の境界線だけが見える。

❹ 染色していないそのままの葉を観察すると，Aのように葉緑体の緑色の粒が観察できる。

❺ aは植物の葉の表皮細胞，bはヒトの筋細胞，cはヒトの小腸のかべの断面図で，㋒は上皮組織，㋓は筋組織である。dは植物のからだ(個体)，eはヒトのからだ(個体)，fは植物の葉の断面図で，㋔は表皮組織である。gはヒトの小腸(器官)，hは植物の葉(器官)である。

p.20 Step 2

❶ ❶ **引火しやすいため。**

❷ A

❸ **葉緑体**

❹ **デンプン**

❺ ㋑

❷ ❶ B，C

❷ **二酸化炭素**

❸ **対照実験**

考え方

❶ ❶ エタノールは引火しやすいので，火で直接加熱してはいけない。

❷〜❹ 植物の細胞の中には，葉緑体という粒がある。植物を光に当てると，この葉緑体の中にデンプンができる。

❷ 実験前に，試験管に息をふきこんだのは，二酸化炭素を多くするためである。

❶ 二酸化炭素があると，石灰水は白くにごる。

❷ 日光が当たった試験管Aでは光合成が行われ，日光が当たっていない試験管Bでは光合成は行われていない。試験管Aの石灰水が白くにごらなかったことから，二酸化炭素が光合成に使われたことがわかる。

❸ 1つの条件以外を同じにして行う実験を対照実験という。この実験を行うことによって，結果のちがいが，その異なった条件によるものであることがはっきりする。

p.22-24 Step 2

❶ ❶ B

❷ **酸素**

❸ A…**光合成**　B…**呼吸**

❹ ㋑

❷ ❶ **気孔**

❷ **裏側**

❸ **孔辺細胞**

❹ **蒸散**

❺ **昼**

❸ ❶ ① **葉の裏側からの蒸散量**

② a→c→b→d

❷ **気孔が葉の表側よりも裏側に多いため。**

❹ ❶ **道管**

❷ ㋑

❸ ㋓

❺ ❶ A…**師管**　B…**道管**

❷ ① A　② B

❻ ❶ **根毛**

❷ ㋐，㋔

❸ A

❼ ❶ **デンプン**

❷ **水にとけやすい。**

❸ **師管**

考え方

❶ ❶❷ 植物は暗いところでは呼吸だけを行い，酸素をとり入れ，二酸化炭素を出している。

❸ 二酸化炭素をとり入れ，酸素を出すはたらきは光合成である。

❹ 光が当たらないときは，光合成を行わず，呼吸のみ行う。

❷ ❶❸ 気孔とは，2つの孔辺細胞に囲まれたすきまのことである。

❺ 多くの植物では光が当たると気孔が開き，蒸散がさかんに起こる。気孔から，からだの中の水が水蒸気として外に出て行くので，気孔が開いている昼の方が，蒸散は盛んに行われる。
蒸散は，根からの吸水の原動力である。蒸散が行われると，根からの吸水が起こり，水が植物のからだ全体に行きわたる。

❸ a＝(葉の表側＋葉の裏側＋茎)の蒸散量，
b＝(葉の表側＋茎)の蒸散量，
c＝(葉の裏側＋茎)の蒸散量，
d＝茎の蒸散量，をそれぞれ表している。

❶ a－b＝(葉の表側＋葉の裏側＋茎)の蒸散量－(葉の表側＋茎)の蒸散量＝葉の裏側の蒸散量　になる。

❷ 気孔は葉の表側よりも裏側に多くある。

❹ ❶ 赤インクで着色した水に植物をさしておくと，着色された水は道管を通って移動するので，道管が赤く染まる。

❷ ヒマワリの茎の維管束は，茎の中で輪の形に並んでいる。これを縦に切ると，赤く染まった道管が茎の縦断面の両側に見える。

❸ トウモロコシの茎の維管束は，茎の中で全体に散らばっている。これを縦に切ると，赤く染まった多くの道管が見える。

❺ ❷ 茎では，道管の集まった部分が中心に近い方にあり，師管の集まった部分は表皮に近い方にある。

❸ 茎と同様，中心部は道管，表皮に近い方は師管である。

❻ 根毛は，根の表面積を広げ，水や水にとけた肥料分をとりこんでいる。

❼ 光合成によってつくられたデンプンは，水にとけやすい物質に変化して，師管を通り，からだ全体を移動する。果実や種子などにたくわえられるときは，再びデンプンにもどされることもある。そして，発芽や成長に使われる。

p.26-28 Step 2

❶ ❶ ㋐ **だ液せん**　㋑ **食道**　㋒ **胃**　㋓ **すい臓**
㋔ **小腸**　㋕ **大腸**　㋖ **肝臓**　㋗ **胆のう**

❷ **㋐，㋓，㋖，㋗**

❸ **㋐**

❹ **すい液**

❺ **消化酵素**

❷ ❶ A…**デンプン(炭水化物)**　B…**タンパク質**
C…**脂肪**

❷ **すい液**

❸ A…**㋑**　B…**㋐**　C…**㋒**

❸ ❶ **㋒**

❷ **(ヒトの)体温**

❸ **加熱する。**

❹ **㋓**

❺ **㋑**

❻ **デンプンを麦芽糖などに変えるはたらきがある。**

❼ **アミラーゼ**

❹ ❶ **小腸**

❷ **柔毛**

❸ **リンパ管**

❹ **㋐，㋑**

❺ **小腸の表面積を大きくし，養分を吸収しやすくする点。**

❺ ❶ A…**気管**　B…**気管支**　C…**肺胞**

❷ a…**動脈血**　b…**静脈血**

❸ **空気にふれる表面積が大きくなり，効率よく酸素と二酸化炭素の交換を行える点。**

❹ **養分からエネルギーをとり出すのに使われる。**

考え方

❶ 消化液には，消化酵素がふくまれていて，食物を消化する。肝臓でつくられる胆汁には消化酵素がふくまれていないが，脂肪の分解を助けるはたらきがある。

② 消化にかかわる器官には，口から肛門までの食物が通る消化管と，食物が通らないだ液せんや肝臓，胆のう，すい臓などがふくまれる。

③ デンプンは，口の中でだ液中の消化酵素であるアミラーゼにより，最初に消化される。

❷ ① Aはだ液によって消化されるのでデンプンとわかる。Bは胃液によって消化されるのでタンパク質とわかる。

❸ ①② だ液のはたらきを調べるので，だ液がある口の中の温度，すなわち体温に近い温度にする。

③ ベネジクト液を入れてから加熱して反応を調べる。

④ ヨウ素液は，デンプンをふくむ溶液に入れると青紫色に変色するので，デンプンの有無を調べるために使われる。

⑤ ベネジクト液は，麦芽糖をふくむ溶液に入れて加熱すると赤褐色の沈殿ができるので，麦芽糖の有無を調べるために使われる。

⑥ デンプン溶液にだ液を加えた溶液は，デンプンがなくなり，主にブドウ糖が2つつながった麦芽糖ができている。

❹ 小腸のかべにはたくさんのひだがあり，その表面にはたくさんの柔毛があって，養分を吸収する面積を大きくしている。

④ デンプンが消化されてブドウ糖となり，タンパク質が消化されてアミノ酸になる。これらは，柔毛で吸収されて毛細血管に入る。デンプンは，粒が大きいので吸収されない。脂肪が消化されてできた脂肪酸とモノグリセリドは，柔毛で吸収され再び脂肪になりリンパ管に入る。

❺ ② 血管aを通って肺胞から出ていく血液は，肺胞で血液の中に酸素をとりこみ，二酸化炭素を受けわたすので，酸素を多くふくむ。この血液を動脈血という。一方，血管bを通って肺胞へ入っていく血液は，全身の細胞から二酸化炭素を受けとってきた血液なので，二酸化炭素を多くふくむ。この血液を静脈血という。

③ 肺胞と小腸の柔毛は，ともに表面積を大きくするためのつくりである。

④ 肺でとりこまれた酸素は，小腸で吸収された養分とともに細胞の中にとりこまれ，細胞の中で養分が酸素を使って分解されることで，エネルギーがとり出される。このとき，二酸化炭素と水ができ，二酸化炭素は細胞の外に出される。細胞のこのような活動は，肺による呼吸と区別して，細胞による呼吸という。

p.30-32 Step 2

❶ ① 記号…D　名称…**左心室**

② a

③ c

④ 記号…B　名称…**左心房**

❷ ① **動脈**

② a…**肺動脈**　b…**肺静脈**

③ **動脈血**

④ b，d，g

⑤ **静脈**

⑥ **体循環**

❸ ① A…**白血球**　B…**赤血球**　C…**血しょう**

② ① A　② B　③ C

③ **ヘモグロビン**

❹ ① **骨**

② **赤血球**

③ A

❺ ① **組織液**

② △…**酸素**　◯…**養分**

③ 記号…B　名称…**血しょう**

❻ ① ① **肝臓**　② **尿素**

❷ A…**じん臓**　B…**輸尿管**　C…**ぼうこう**
❸ ㋑

考え方

❶ 全身から心臓に血液が流れこむところを始まりとすると，a→A(右心房)→C(右心室)→c→肺→d→B(左心房)→D(左心室)→b→全身の順に血液は流れている。まず，左右の心房が広がり，右心房には全身から静脈血が，左心房には肺から動脈血が流れこむ。次に，左右の心房が収縮し，それぞれ心室に血液が流れこむ。最後に，心室が収縮することで，右心室からは静脈血が肺へ，左心室からは動脈血が全身へと送り出される。

❷ ❷ aは肺動脈，bは肺静脈である。肺動脈と肺静脈の「動脈」,「静脈」という言葉は，それぞれ動脈血や静脈血が流れている血管という意味ではないので，注意する。

❸ 血液は，酸素を多くふくむか，二酸化炭素を多くふくむかで，動脈血と静脈血に区別される。

❺ 動脈はかべが厚く，心臓から勢いよく送り出される血液の圧力にたえられるようになっている。一方，静脈は動脈よりもかべがうすく，ところどころに弁がある。この弁によって，血液は逆流しない。

❸ 血液の主な成分は，赤血球，白血球などの血球と，液体の血しょうである。白血球は数が少ないが，もっとも大きく，細菌などの異物を分解する。赤血球は中央がくぼんだ円盤形で，数が多くて核がない。赤血球にふくまれるヘモグロビンは酸素の多いところでは酸素と結びつき，酸素が少ないところでは酸素をはなす性質をもっている。この性質により，赤血球は酸素を運搬する。

❹ ❶ メダカの尾びれにあるすじのようなものは骨で，骨に沿うように血管がある。

❷ メダカの尾びれに見える血球は，主に赤血球である。酸素を運ぶヘモグロビンは色素をふくんでいるので，血液に色がついて見える。

❸ 尾びれの先端の方向に向かって流れる血液の方が酸素を多くふくんでいる。毛細血管は，心臓の方から全身のすみずみに向かって張りめぐらされているので，Aの血管のように，尾びれの先端の方向に向かって枝分かれしている。

❺ 血液の液体成分である血しょうが，毛細血管からしみ出して，細胞のまわりを満たしたものを組織液という。組織液と細胞との間で，いろいろな物質のやりとりが行われる。

❻ 細胞でタンパク質が分解されると，アンモニアができる。アンモニアは血液によって肝臓に運ばれ，ここで尿素につくり変えられると，再び血液によってじん臓に運ばれ，ここでとり除かれて尿となる。尿は，輸尿管を通ってぼうこうに一時的にためられてから，体外に排出される。

p.34-35　Step 2

❶ ❶ A…**水晶体(レンズ)**　B…**網膜**
C…**感覚神経**
❷ ① B　② C　③ A
❸ ① **正面**　② **立体**　③ **距離**

❷ ❶ **感覚器官**
❷ ⓐ **耳小骨**　ⓑ **鼓膜**　ⓒ **うずまき管**
ⓓ **感覚神経**
❸ ⓒ
❹ **脳**

❸ ❶ A…**脳**　B…**せきずい**
❷ ⓐ **感覚神経**　ⓑ **運動神経**
❸ ②
❹ **反射**
❺ ①

❹ ❶ **けん**
❷ **関節**
❸ ㋑

考え方

❶ ❷ 光の刺激を受けとる細胞があるのは網膜で，網膜が受けとった光の刺激が信号となって感覚神経に伝えられ，さらにその信号が脳やせきずいへと伝えられる。

❷ 音の刺激の伝わり方は，音(空気の振動)→鼓膜(図のⓑ)→音を伝える骨である耳小骨(図のⓐ)→うずまき管(図のⓒ)→感覚神経(図のⓓ)→脳の順になる。

❸ ❹ うずまき管にある音を感じとる細胞が振動を刺激としてとらえる。この刺激が信号となり，感覚神経を通じて脳に伝えられる。

❸ 意識して行う反応のしくみは，刺激→感覚器官(皮膚)→感覚神経→せきずい→脳→せきずい→運動神経→運動器官(筋肉)→行動となる。

❹ ❺ 反射では，脳は関係しない。反応までの時間が短いので，からだを危険から守るのにつごうがよい。

❹ ❶ ヒトのうでには，骨を中心にして，両側に一対の筋肉がある。これらの筋肉の両端は，けんになっていて，関節をまたいで２つの骨についている。

❷ 骨どうしが結合している部分を関節といい，関節の部分で曲げたりのばしたりすることができる。

❸ うでの曲げのばしは，一対の筋肉のうちの，どちらか一方だけが縮むことで行われる。うでをのばすときは，ⓓの筋肉が縮む。

p.36-37 Step ❸

❶ ❶ A…**核**　B…**細胞膜**　C…**液胞**　D…**細胞壁**　E…**葉緑体**

❷ **単細胞生物**

❸ ① **組織**　② **器官**

❷ ❶ A

❷ A…**道管**　B…**師管**

❸ **維管束**

❸ ❶ B，**青紫色**

❷ C，**赤褐色**

❸ ㊁

❹ ❶ A…**白血球**　B…**赤血球**　C…**血しょう**

❷ **細菌などの異物を分解する。**

❸ C

❺ ❶ C…**運動神経**　D…**感覚神経**

❷ EDBABCF

❸ EDBCF

❹ **反射**

考え方

❶ ❶ 植物の細胞，動物の細胞に共通して見られるつくりは，Aの核，Bの細胞膜である。植物の細胞の特徴的なつくりは，Cの液胞，Dの細胞壁，Eの葉緑体である。

❷ からだが１つの細胞からできている生物を単細胞生物という。

❸ 多細胞生物のからだの中では，形やはたらきが同じ細胞が集まって組織をつくり，いくつかの種類の組織が集まって特定のはたらきをする器官をつくる。

❷ ❶ 赤インクで着色した水は，道管を通って吸い上げられる。道管は茎の中心に近い方にあり，根から吸収された水や，水にとけた肥料分の通り道である。

❸ 道管や師管が束のようになっている部分を維管束という。維管束は，葉では葉脈となる。

❸ だ液には，デンプンを麦芽糖に変化させるアミラーゼという消化酵素がふくまれている。ヨウ素液は，デンプンと反応して青紫色になる。ベネジクト液は，加熱すると麦芽糖と反応して赤褐色の沈殿をつくる。
デンプンを糖に分解するはたらきがだ液にあることを確かめるために，だ液のかわりに水を入れ，それ以外の条件はまったく同じ実験を行う。このような比較のための実験を対照実験という。

❹ Aは白血球で，からだの外から侵入してきた細菌などの異物を分解するなどして，からだを守っている。Bは中央がくぼんだ円盤形をしており，赤血球である。赤血球はヘモグロビンという物質をふくみ，酸素を運ぶ。Cは血しょうで，養分や不要な物質などを運ぶ。

❺「手が冷たいのでストーブに手をかざした」という行動は脳が関係した反応である。一方，「誤って熱いやかんに指が触れ，思わず手を引っ込めた」という反応は身を守るためにとっさに起きるもので，脳は関係せず，せきずいの命令で行われる。これを反射という。

天気とその変化

p.39-40　Step ❷

❶ ❶ ① **快晴**　② **晴れ**　③ **晴れ**　④ **くもり**

❷ **ヘクトパスカル**

❸ **北西の風**

❷ ❶ B

❷ 14.0 ℃

❸ 78 %

❸ ❶ **晴れ**

❷ 風向…**北東**　風力…4

❸ ① ●　② ⊛

❹ ❶ A

❷ 20 N

❸ 4倍

❹ 2000 Pa

❺ ❶ **大気圧(気圧)**

❷ **大気圧(気圧)はあらゆる方向からはたらく。**

❸ **ふくらむ。**

考え方

❶ ❶ 雲量2～8が「晴れ」であることに注意する。

❷ 1気圧は約1013 hPaである。

❸ 風向は，風のふいてくる方位を16方位で示す。

❷ ❶ 湿球の示度は常に乾球の示度よりも低い。Aが乾球，Bが湿球である。湿球は，球の部分をしめらせたガーゼでくるんである。

❷ 気温は乾球(A)の示す温度(示度)である。

❸ 乾球の示度は14.0 ℃，湿球の示度は12.0 ℃より，乾球と湿球の示度の差は2.0 ℃。これらから，湿度表で読みとる。乾球の示度が14 ℃の行を横に，乾球と湿球の示度の差が2.0 ℃の列を縦に見て，その交差する欄の値が求める湿度(%)である。

❸ ❷ 矢ばねの向きが風向を，矢ばねの数が風力を示している。

❹ ❶ スポンジをおす力が同じとき，接している部分の面積が小さいほど圧力は大きい。

❷ スポンジをおす力は，ペットボトルにはたらく重力と同じ大きさになる。

❹ $20\ \text{N} \div 0.01\ \text{m}^2 = 2000\ \text{Pa}$

❺ ❶ 空かんの中に入れた水が熱せられて水蒸気になり，空かんの外に出て行く。ラップをかけて密封した後，冷めると，空かんに残った水蒸気は水にもどる。このとき，空かんの中の気体が少なくなり，空かんの中からおす圧力が小さくなる。このため，大気圧によって，外からおされて空かんがつぶれる。

❷ 吸盤をゆかにおしつけることで，中の空気がおし出され，吸盤の中からおす力がなくなり，大気圧が吸盤を外からおす力だけになる。大気圧は，あらゆる方向からはたらくため，吸盤をどの向きにしても，はりついたままである。

❸ 山のふもとでは，菓子のふくろの中の気圧と，外の大気圧は同じである。山頂では，上空にある空気の量が少なくなるため，空気にはたらく重力も小さくなり，それによって生じる大気圧も小さくなる。菓子のふくろの中の気圧は変わらないので，ふくろの中の気圧のほうが山頂の大気圧よりも大きくなり，菓子のふくろはふくらむ。

p.42 Step ❷

❶ ① **高気圧から低気圧へ向かって風はふく。**
② **強くなっている。**
③ **低気圧**
④ 高気圧…㋐　低気圧…㋓

❷ ① 15.2 g
② $9.4\ g/m^3$
③ 54.3 %

考え方

❶ ①② 風は気圧の高いところから気圧の低いところへ向かってふく。天気図の等圧線の間隔がせまいところでは，気圧の変化が急なので強い風がふく。

③④ 高気圧の中心では，下降気流が生じ，周辺へ向かって風がふき出す。低気圧の中心では，上昇気流が生じ，中心に向かって風がふく。

❷ ① 30 ℃の飽和水蒸気量は$30.4\ g/m^3$である。

$$50=\frac{1\ m^3\text{の空気にふくまれる水蒸気の質量}〔g/m^3〕}{30.4\ g/m^3}\times 100$$

よって，$1\ m^3$の空気にふくまれる水蒸気の質量は，30.4×50÷100＝15.2より，15.2 gである。

② 露点が10 ℃なので，10 ℃のときの飽和水蒸気量を読みとる。

③ 20 ℃の飽和水蒸気量は$17.3\ g/m^3$である。

$$\text{湿度}=\frac{9.4\ g/m^3}{17.3\ g/m^3}\times 100=54.33\cdots\text{より，}$$

54.3 %である。

p.44 Step ❷

❶ ① ⓐ **水蒸気**　ⓑ **水滴(水)**　ⓒ **氷の粒(氷)**
② 0 ℃
③ ① **膨張**　② **下が**　③ **水蒸気**　④ **氷**
⑤ **上昇気流**　⑥ **雲**

❷ ① **降水**
② **陸地や海からの水の蒸発**

考え方

❶ あたためられた空気のかたまりは上昇すると，膨張して温度が下がる。このとき空気の湿度が高いほど，空気にふくまれている水蒸気の質量が大きいため，より高い温度で露点に達する。

① ⓐは空気中にふくまれている水蒸気(気体)を表している。ⓑは露点に達したところからできはじめているので，水蒸気が変化した水滴(液体)である。ⓒは，さらに上空の気温が低いところで変化しているので，氷の粒(固体)である。

② 水滴(液体)が氷の粒(固体)に変化する温度なので，0 ℃である。

③ 空気のかたまりが上昇すると，上空は気圧が低いために膨張して温度が下がる。

❷ 水は，太陽のエネルギーによって，状態を変化させながら地球上を循環する。

p.46-48 Step ❷

❶ ① **前線面**
② **前線**
③ **寒冷前線**
④ **積乱雲**
⑤ ㋓

❷ ① B
② **温暖前線**
③ ㋑，㋒
④ ㋐，㋒

❸ ① ㋐
② ⓐ **寒冷前線**　ⓑ **温暖前線**
③ ① ⓐ　② ⓑ
④ A…㋑　B…㋓
⑤ ① D　② B　③ E
⑥ D…㋑　E…㋒

❹ ① **温帯低気圧**
② C→A→B
③ **西から東(南西から北東)**
④ **閉そく前線**

❺ ❶ ㋑

❷ 寒冷前線

考え方

❶ ❶❷ 寒気や暖気など，気温や湿度が広い範囲でほぼ一様になった空気のかたまりを気団という。異なる気団が接すると，空気はすぐには混じり合わずに，境界面ができる。これを前線面という。前線面と地表面が接したところを前線という。

❸ 図は，寒気が暖気をおし上げながら進んでいる。このときの前線を寒冷前線という。

❹ 寒気が暖気の下にもぐりこむため，前線付近に強い上昇気流が生じ，こぶのように盛り上がったかたまり状の雲ができる。積乱雲は積雲（わた雲）の発達したもので，入道雲やかみなり雲ともよばれる。上空まで積み上がり，落雷，ひょう，大雨の原因となる。

❺ 寒冷前線では，積乱雲の発達により強い雨が短時間に降る。また，寒冷前線の通過後は寒気におおわれるので気温が下がる。一方，温暖前線では，弱い雨が長時間降り続き，温暖前線の通過後は暖気におおわれるので気温は上がる。

❷ ❶❷ 前線面の断面図の形で，前線が寒冷前線か温暖前線かを判断できる。図では，AとBの前線面の断面がほとんど直線になっている。これは，暖気が寒気の上をはい上がりながら進む温暖前線の断面によく見られる形である。したがって，Bの上をはい上がりながら進んでいるAが暖気，Bが寒気である。

❸ 暖気がゆるやかな角度で寒気の上に上がっていくため，乱層雲や高層雲のような層状の雲ができる。前線からさらに寒気の方に離れた地点の上空には，高積雲（ひつじ雲）や巻積雲（うろこ雲）のような，小さい雲が連なる雲ができやすい。

❹ 温暖前線による天気の変化のポイントは，①弱い雨が長時間降り続くこと，②通過後の気温が上がること，③通過後は風が南寄りになること，の3点である。

❸ ❶❷ 低気圧の前線にはさまれた南側のせまい方が暖気，北側の広い方が寒気である。日本列島付近では，前線は低気圧を中心に発達し，寒冷前線が南西側に，温暖前線が南東側にのびるものがほとんどである。

❸ ①のように，寒気が暖気をおし上げて前線面が山なりになっているものは寒冷前線，②のように，暖気が寒気をおしやって前線面がほとんど直線になっているものは温暖前線である。

❹ 温暖前線付近には乱層雲や高層雲などの雲が広い範囲にできるが，乱層雲は前線の近くに，高層雲は乱層雲よりも前線から離れたところにできる。

❺ ① Dの地点は南西の風がふき，暖気におおわれているのであたたかい。前線から離れたところにあるので，よい天気であると考えられる。

② Bの地点は北寄りの風がふき，前線から離れたところにあるのでよい天気であると考えられる。

③ Eの地点は温暖前線の進行方向にある。このあたりには，温暖前線によって広い範囲にできた雲により弱い雨が降り続いていると考えられる。

❻ Dの地点は図の時点では晴れているが，この後，寒冷前線が通過するため，短時間に強い雨が降り，前線の通過後は風向が変化する。

Eの地点は図の時点から温暖前線が通過するまで，弱い雨が降り続けるが，前線の通過後は雨がやみ，暖気の影響で気温が上がる。

❹ ②③ 日本列島付近では，温帯低気圧は西から東へ進みながら発達し，しだいに前線も長くなっていく。Cの図の日本海付近にある温帯低気圧が，A，Bの順に東の方に進み，前線も長くなっていく。

④ 寒冷前線が温暖前線に追いついてできる前線を閉そく前線という。前線にはほかにも，暖気と寒気がぶつかり合い，ほとんど動かない停滞前線がある。梅雨前線や秋雨前線がこれにあたり，長期間にわたって雨が降り続くことが多い。

❺ 天気図の記号に注目すると，6時にこれまで南西だった風向が北寄りに変わっている。また，気温に注目すると，4時から5時の間に急激に気温が下がっている。これらのことから，3時から5時の間に，寒冷前線が通過したと考えられる。寒冷前線が通過する前後は風向が南寄りから北寄りに変わったり，気温が急に下がったりするなど，特徴的な気象の変化が観測される。

p.50-51 Step ❷

❶ ① **陸上**
② **陸上**
③ 昼… a　夜… b
④ **海陸風**

❷ ① A
② A…**小笠原気団**　B…**シベリア気団**
③ A…㋒　B…㋑

❸ ① **移動性高気圧**
② **西から東へ，周期的に天気が変化する。**

❹ ① **停滞前線**
②
③ **梅雨前線**
④ ㋒

❺ ① **台風**
② ㋐，㋑，㋓
③ **偏西風**

考え方

❶ 陸上は海上に比べて，昼はあたたまりやすく，夜は冷えやすい。よって，昼は陸上の気温が海上より高くなり，陸上で上昇気流が発生する。その結果，陸上の気圧が海上よりも低くなるので，海から陸に向かって海風がふく。夜になって陸が冷えると，陸上の気温が海上より低くなり，海上で上昇気流が発生する。その結果，陸上の気圧が海上よりも高くなるので，陸から海に向かって陸風がふく。
このような，海に面した地域で，1日のうちの気温変化によってふく風を海陸風という。

❷ ① Aは太平洋から高気圧が発達しているので，夏の天気図である。Bは大陸から高気圧が発達して，等圧線が南北方向にのびているので，冬の天気図である。

② 気温や湿度などの性質が広い範囲にわたってほぼ同じである空気のかたまりが気団である。
Aの夏の天気図では，小笠原気団というあたたかくしめった気団の影響を受けている。これにより，日本の夏は高温多湿の気候になる。
Bの冬の天気図では，ユーラシア大陸上で発達したシベリア高気圧の中心付近にできた，シベリア気団とよばれる冷たく乾燥した気団の影響を受けている。これにより，日本海側では雪が降り，太平洋側では冷たく乾いた北西の風がふいて乾燥した晴れの天気が続く。

③ ㋐は春や秋，㋓はつゆ(梅雨)の季節の特徴である。
冬になると，シベリア気団が長期間ほぼ同じ所にあって動かなくなり，南北の方向の等圧線がせまい間隔で並ぶ。この気圧配置を「西高東低の冬型の気圧配置」という。

❸ 春と秋は，ユーラシア大陸の南東部で発生した低気圧と高気圧が，西から東へ向かって日本列島付近を次々に通過するため，天気は周期的に晴れたりくもったりする。このような移動する高気圧を移動性高気圧という。

❹ 停滞前線の付近の天気は，雨やくもりになることが多い。つゆの時期に日本列島付近にできる停滞前線を梅雨前線といい，夏の終わりに日本列島付近にできる，似たような停滞前線を秋雨前線という。

❺ 日本のはるか南の熱帯地方で発生する低気圧を熱帯低気圧という。夏から秋にかけて日本列島にやってくる，熱帯低気圧があたたかい海上で発達したものを，台風という。台風は，ほぼ同心円状で間隔のせまい等圧線になることが多く，中心付近は気圧の傾きが大きく，強い上昇気流を生じ，大量の雨と強い風をともなう。温帯低気圧とは異なり，ふつう前線をともなわない。台風の直径は1000 kmをこえることもあり，非常に広い範囲に強風や大雨の災害をもたらす。

③ 日本列島付近に北上してきた台風は，日本列島付近の上空を西から東へ向かってふく偏西風に流されて，東寄りに進路を変える。

p.52-53 Step ❸

❶ ① **飽和水蒸気量**

② **55** %

③ **10.3** g

④ **15** ℃

⑤ **6.0** g

❷ ① **中心がまわりより気圧が低いところ**

② X…**寒冷前線**　Y…**温暖前線**

③ **Y**

④ **B**

⑤ **㋑**

⑥ **㋐**

❸ ① A…**㋒**　B…**㋓**　C…**㋑**

② A…**㋐**　B…**㋒**　C…**㋑**

③ **西高東低**(の冬型の気圧配置)

④ **停滞(梅雨)前線**

❹ ① **ⓐ→ⓓ→ⓑ→ⓒ**

② **西**から**東**

③ **㋐**

④ **㋐**，**㋔**

考え方

❶ ② 湿度〔%〕

$$= \frac{1\ \mathrm{m^3}\text{の空気にふくまれる水蒸気の質量}〔\mathrm{g/m^3}〕}{\text{その空気と同じ気温での飽和水蒸気量}〔\mathrm{g/m^3}〕} \times 100$$

$$= \frac{12.8\ \mathrm{g/m^3}}{23.1\ \mathrm{g/m^3}} \times 100 = 55.4\cdots$$

より，55 %である。

③ 温度が25 ℃の空気の飽和水蒸気量は23.1 g/m^{3}であり，現在の空気中には12.8 g/m^{3}の水蒸気がふくまれている。よって，1 m^{3}の空気はさらに，23.1 g－12.8 g＝10.3 gの水蒸気をふくむことができる。

④ 飽和水蒸気量が12.8 g/m^{3}になるときの温度がその空気の露点である。また，露点以下では湿度は100 %となる。

⑤ 空気の温度が15 ℃より低くなると，空気中にとどまることができない水蒸気が水滴となって現れる。空気の温度が5 ℃のときの飽和水蒸気量は6.8 g/m^{3}なので，水滴になるのは，12.8 g－6.8 g＝6.0 gである。

❷ ② 低気圧の中心の東側が温暖前線，西側が寒冷前線である。

③ 寒冷前線では，前線面に強い上昇気流を生じ，積乱雲ができる。一方，温暖前線では，前線面にゆるやかな上昇気流が生じ，層状の雲ができる。

④ 温暖前線の通過後から寒冷前線の通過前までは，暖気におおわれている。

⑤ B地点は暖気におおわれ，南西の風がふきこんでいる。

❸ ❶❷ A：小笠原気団が勢力をもち，ユーラシア大陸に低気圧があり，太平洋に太平洋高気圧がある。→夏。
B：シベリア気団が大陸で勢力をもち，太平洋上に低気圧がある西高東低の冬型の気圧配置である。→冬。
C：オホーツク海気団と小笠原気団の間に停滞前線が生じる。→つゆ(梅雨)。

❸ 大陸側のシベリア気団の高気圧と太平洋上の低気圧の間で，等圧線が南北(縦)に見られる。→西に高気圧，東に低気圧がある西高東低の冬型の気圧配置。

❹ オホーツク海気団と小笠原気団の勢力がつり合い，日本の南岸に前線が停滞する。

❹ ❶❷ 日本列島付近の上空には，偏西風という強い西からの風がふいている。この偏西風の影響により，日本列島付近では天気が西から東へ移り変わることが多い。

❸ 天気は西から東へ移り変わるので，大阪よりも西の地域の天気を参考にする。

❹ 5月ごろに日本列島付近を西から東に通過する高気圧は，移動性高気圧である。

電気の世界

p.55-56 **Step ❷**

❶ ❶ A…－　B…＋
❷ **静電気**

❷ ❶ ㋑
❷ ㋐
❸ ① －　② ＋　③ **同じ**　④ **反発し合う**
❹ **放電**
❺ **雷**

❸ ❶ **陰極線**
❷ ㋒
❸ －

❹ ❶ **電子**
❷ A…－極　B…＋極
❸ **消える(かげはできない)。**

❺ ㋐，㋓

考え方

❶ いっぱんに物体は＋と－の電気を同量もっており，それらが打ち消し合っている。しかし，異なる物質でできた物体どうしをこすり合わせることで一方の物体の－の電気が他方に移動するため，どちらの物体も電気を帯びるようになる。このような電気を静電気という。

❷ 異なる物質でできた物体どうしをこすり合わせると，静電気が発生する。アクリルパイプにはもともと同量の＋と－の電気があるが，ストローとこすり合わせると電気が移動して，ストローとアクリルパイプは異なる電気を帯びる。

❶❷ ストローどうしには反発し合う力がはたらき，ストローとアクリルパイプの間には引き合う力がはたらく。ストローが－の電気を帯びるということから，アクリルパイプからストローへ－の電気(電子)が移動し，アクリルパイプは＋の電気を帯びることがわかる。

❺ 蛍光灯やネオンサインでもよい。

❸ －極から＋極の方へ向かう電子の流れを陰極線という。陰極線そのものは光らず，目に見えない。しかし，蛍光板や蛍光塗料に当たると，当たった部分が明るく発光する。

❷❸ 陰極線は－の電気をもつ電子の流れなので，電極板の＋極の方に曲がる。

❹ クルックス管の電極B側にかげができることから，電極Aから電極Bに向かって何かがまっすぐに出ていることがわかる。電流は＋極から－極に流れると定義されているが，実際には，電子が－極から＋極に流れているので，電子が出ている電極Aは－極である。

❺ ㋑ 宇宙空間から降り注ぐ放射線や，自然界に存在する放射性物質から出る放射線などがあり，わたしたちは日常的にある程度の放射線をあびている。

㋒ 放射線には，α 線，β 線，γ 線，X線などの種類がある。

p.58-60 Step 2

❶ ①回路

②㋑

③右図

④回路図

図 1

❷ ①右図

②5 Aの端子

③250 mA

④㋒

❸ ①並列回路

②直列

③右図

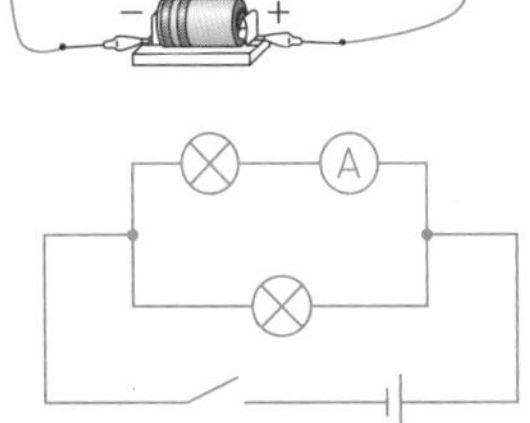

④b点，c点

⑤i点

⑥0.5 A

❹ ①A…0.5 A　B…0.5 A

②A…0.4 A　B…0.4 A　C…0.1 A　D…0.5 A

③A…0.5 A　B…0.1 A　C…0.4 A　D…0.5 A

❺ ①右図

②300 Vの端子

③8.5 V

④㋒

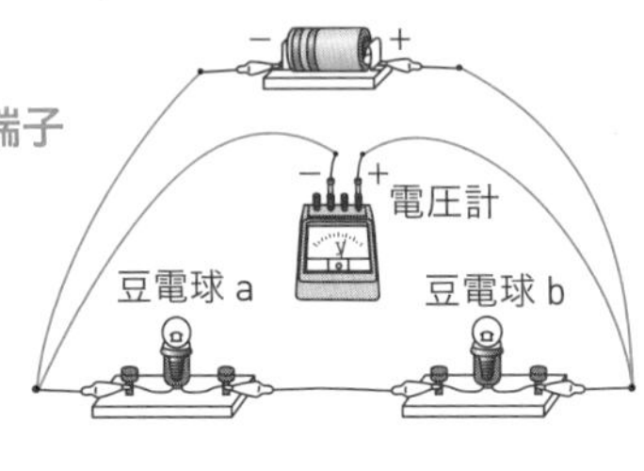

❻ ①①4.0 V

②6.0 V

②①6.0 V

②6.0 V

考え方

❶ 電池は─┤├─で表す。長い線が＋極，短い線が－極を示す。ほかに，電球，スイッチ，電流計，電圧計の電気用図記号は確実にかけるようにする。

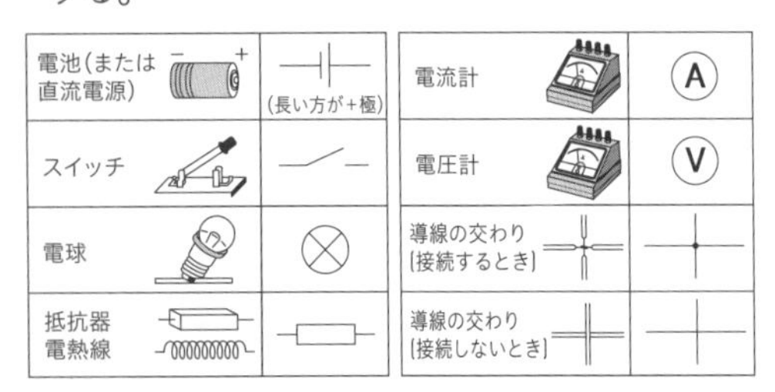

電池(または直流電源)		─┤├─ (長い方が＋極)	電流計		Ⓐ
スイッチ		─╱ ─	電圧計		Ⓥ
電球		⊗	導線の交わり [接続するとき]		─┼─
抵抗器 電熱線		─▭─	導線の交わり [接続しないとき]		─┼─

❷ ② 電流の大きさが予想できないときは，電流計がこわれないように，－端子(たんし)は値(あたい)が大きいものからつなぐ。5 Aにつないで針のふれが小さいときは，500 mAや50 mAの－端子につなぎかえ，電流の値を読みやすくする。

③ －端子が500 mAのときは，針が最大(目盛りの右端)の値までふれたときに500 mAとなる。500 mA用の目盛りがないので，50 mA用の目盛りを10倍して読みとる。5 A用の目盛りで読みとった値を100倍し，単位のmAをつけてもよい。

④ 電源から出た電流は，豆電球の明かりをつけるはたらきをしても，そこでなくなったり，小さくなったりしない。

❸ ① 電流の道筋が枝分かれしていることから，並列回路(へいれつかいろ)である。

② 電流計は回路(かいろ)に対して直列(ちょくれつ)に，電圧計は回路に対して並列につなぐ。

③ 電流計を測定する点に直列に入れる。電池の向きをまちがえないようにすること。右の回路図でも正解。

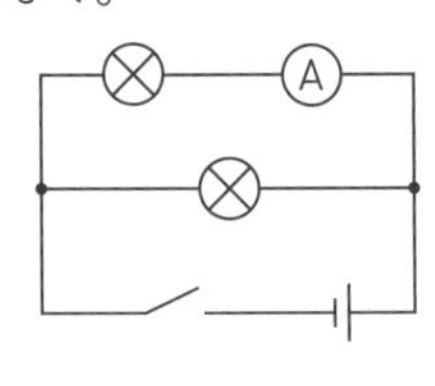

④ 直列回路を流れる電流の大きさは，回路の各点で同じである。

⑤⑥ 並列回路では，枝分かれする前の電流の大きさは，枝分かれした後の電流の和に等しい。

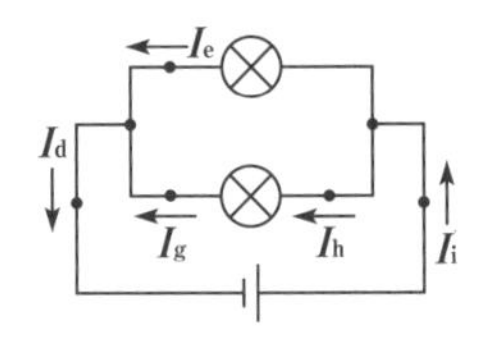

$I_g = I_h$ より，

$I_i = I_e + I_g = I_e + I_h = I_d$

0.3 A＋0.2 A＝0.5 A

❹ ① 直列回路の電流の大きさはどこも等しい。

② 並列回路では，枝分かれする前の電流の大きさは，枝分かれした後の電流の和に等しく，合流した後の電流の大きさにも等しいので，A，B点を流れる電流の大きさは，

0.5 A－0.1 A＝0.4 A

③ C点を流れる電流は，0.5 A－0.1 A＝0.4 A

❺ ❶ 電圧計を，測定したい部分(両端AB)に，並列につなぐ。

❷ 電圧の大きさが予想できないときは，最大値の300 Vの－端子を選ぶ。針のふれが小さいときは，15 Vや3 Vの端子につなぎかえ，値が読みやすいようにする。

❸ 右端が15 Vの目盛りで読みとるが，1目盛りが0.5 Vになっていることに注意する。

❹ 直列回路でも並列回路でも，回路全体の電圧(AB間の電圧)は，電源の電圧と等しい。

❻ ❶ 直列回路では，回路の各区間に加わる電圧の大きさの和が，全体に加わる電圧の大きさとなる。①は，6.0 V－2.0 V＝4.0 Vである。

❷ 並列回路では，各区間に加わる電圧の大きさは，電源の電圧の大きさと等しい。

p.62-65 Step ❷

❶ ❶ X…**電圧計**　Y…**電流計**

❷ ㊁

❸ **下図**

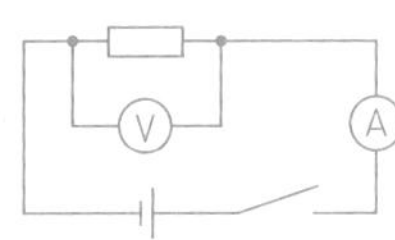
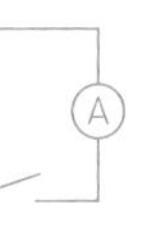

❹ **右図**

❺ **比例の関係**

❻ **オームの法則**

❼ **15 Ω**

❽ **0.67** A

❾ **3.6** V

❷ ❶ **B**

❷ **10** Ω

❸ **0.6** A

❹ **0.6** A

❸ ❶ $V=R\times I$

❷ ① **3** V　② **0.4** A　③ **30** Ω

❹ ❶ 導体…㋒　不導体…㋑

❷ ゴム…**不導体**　銅…**導体**　ガラス…**不導体**　タングステン…**導体**

❺ ❶ a…**20** Ω　b…**30** Ω

❷ 図1…**12** Ω　図2…**50** Ω

❸ A…**0.3** A　B…**0.2** A　C…**0.5** A

❹ A…**0.12** A　B…**0.12** A　C…**0.12** A

❺ **2.4** V

❻ ❶ **6.4** ℃

❷ **18** W

❸ **電力**

❹ ① **1 A**　② **大きい**

❼ ❶ ① **14** A　② **420000** J

❷ ① **40** W　② **250** Ω

❸ ① **1440** W　② **2592000** J

❽ ❶ **4.0** Ω

❷ **1.0** W

❸ **300** J

❹ **252** J

考え方

❶ ❶❷ 直列につながっている計器Yが電流計，並列につながっている計器Xが電圧計。Yの㋒，㊁のうち，電源の＋極側につながっているのが，＋端子である。

❸ 電源装置(直流)は，乾電池と同じ電気用図記号で表される。

❹❺ 原点を通る直線のグラフである。

❼ 抵抗〔Ω〕＝電圧〔V〕÷電流〔A〕で求める。
6.0 V÷0.4 A＝15 Ω

❽ 電流〔A〕＝電圧〔V〕÷抵抗〔Ω〕で求める。
10 V÷15 Ω＝0.666…A
よって，0.67 Aである。

❾ 電圧〔V〕＝抵抗〔Ω〕×電流〔A〕で求める。
15 Ω×0.24 A＝3.6 V

❷ ❶ 同じ電圧を加えたとき，流れる電流の値が小さいほど，抵抗は大きい。4 Vのとき，Aは0.4 A，Bは0.2 Aの電流が流れたので，抵抗が大きいのはBの方である。

❷ グラフから，抵抗器Aには，4 Vのときに0.4 Aの電流が流れている。
4 V÷0.4 A＝10 Ω

❸ 抵抗器Bの抵抗の値は4 V÷0.2 A＝20 Ωである。したがって，求める電流の大きさは，
12 V÷20 Ω＝0.6 A

❹ 並列回路の全体の電流の大きさは，各抵抗に流れる電流の和となる。4 Vのときの電流の大きさをグラフから求めると，Aは0.4 A，Bは0.2 Aである。したがって，全体の電流の大きさは，
0.4 A＋0.2 A＝0.6 A

❸ オームの法則から，電圧，電流，抵抗を求める。

❷ ① 10 Ω×0.3 A＝3 V
② 8 V÷20 Ω＝0.4 A
③ 15 V÷0.5 A＝30 Ω

❹ いっぱんに金属の抵抗は小さく，電気を通しやすい。このように電気を通しやすい物質を導体という。導線に使われる銅の抵抗は断面積1 mm²，長さ1 m，温度20 ℃で0.017 Ωと非常に小さいので，回路での導線の抵抗は0 Ωと見なしてよい。一方，ガラスやゴムなどは，抵抗がきわめて大きく，電流をほとんど通さない。このような物質を不導体，または絶縁体という。

❺ ❶ グラフからオームの法則を使って求める。
電熱線aの抵抗は，
6 V÷0.3 A＝20 Ω
電熱線bの抵抗は，
12 V÷0.4 A＝30 Ω

❷ 図1の並列回路全体の抵抗の値をR_1とすると，

$$\frac{1}{R_1}=\frac{1}{20}+\frac{1}{30}$$

$$\frac{1}{R_1}=\frac{1}{12}$$

R_1＝12 Ω

図2の直列回路全体の抵抗の大きさは，2つの抵抗の大きさの和に等しいので，
20 Ω＋30 Ω＝50 Ω

❸ 図1の並列回路では，電熱線a，bに加わる電圧の大きさはどちらも6 Vなので，A点を流れる電流の大きさは，
6 V÷20 Ω＝0.3 A
B点を流れる電流の大きさは，
6 V÷30 Ω＝0.2 A
C点を流れる電流の大きさは，
0.3 A＋0.2 A＝0.5 A

❹ 図2の直列回路では，回路の各点を流れる電流の大きさはどこも同じなので，❷で求めた全体の抵抗の値を用いて求める。
6 V÷50 Ω＝0.12 A

❺ 電熱線aの抵抗の値と，回路を流れる電流の大きさから求める。
20 Ω×0.12 A＝2.4 V

❻ ワット数は，電気器具の消費電力の大きさを表し，その値が大きいほど，一定時間の熱量が大きい。

❶ 表より，24.4 ℃－18.0 ℃＝6.4 ℃

❷ 温度上昇が最も大きい18 W表示の電熱線が最も発熱した。

❼ ❶ ② 5分は300秒であるから，
熱量〔J〕＝電力〔W〕×時間〔s〕
＝1400 W×300 s＝420000 J

❷ ② フィラメントに流れる電流をx〔A〕とすると，
40 W＝100 V×x〔A〕
x＝0.4 A
求める抵抗の値は，
100 V÷0.4 A＝250 Ω

❸ ① 1400 W＋40 W＝1440 W
② 1440 W×(30×60) s＝2592000 J

❽ ❶ 2.0 V÷0.5 A＝4.0 Ω

❷ 2.0 V×0.5 A＝1.0 W

❸ 1.0 W×300 s＝300 J

❹ 表から，水が得た熱量は60 calである。
1 cal＝4.2 Jであるから，4.2×60＝252より，252 Jである。

p.67-69 Step 2

❶ ① **S極**
② b…㋐　c…㋑
③ **磁力線**

❷ ① ① a…㋐　b…㋓　c…㋑
② **逆になる。**
② ① ㋒　② **S極**

❸ ① **(電流の)大きさ**
② **大きくなる。**
③ ⓑ
④ ㋑
⑤ **磁石の磁界の向きを変える(N極とS極の向きを逆にする)。**

❹ ㋐

❺ ① **磁界**
② **誘導電流**
③ ① ＋　② 0　③ －　④ 0　⑤ －
④ **棒磁石を速く動かす。**
コイルの巻数を増やす。

❻ ① ㋑と㋓
② **電流の向きが周期的にかわる。**

考え方

❶ ① N極と引き合うのはS極である。
② ①から，磁石のAがS極なので，磁針を置くと，磁力線のようすは右図のようになる。

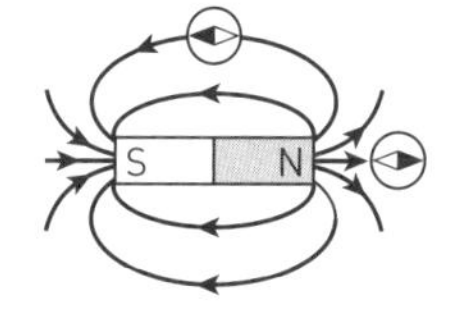

❷ 1本の導線に流れる電流によってできる磁界について，電流の向きと磁界の向きは右図のような関係にある。

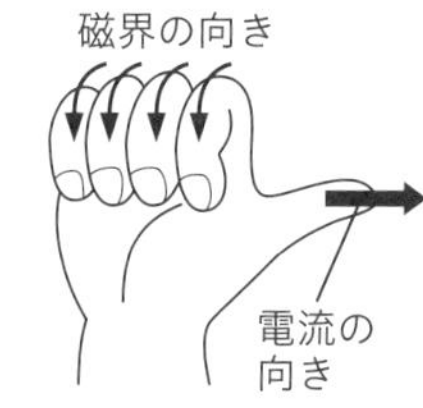

❸ 磁界の中に置いた導体に電流を流すと，導体は力を受けて決まった方向に動く。
① ② 手回し発電機を回す速さを速くすると，電流を大きくすることができ，アルミニウムはくの動き方も大きくなる。
③ ④ 手回し発電機を回す向きを変えると，電流は逆向きに流れる。アルミニウムはくが受ける力の向きは，電流の向きと磁界の向きによって変わり，磁界の向きを変えずに電流の向きだけ逆にすると，アルミニウムはくが受ける力の向きも，電流の向きを変える前と比べて逆になる。
⑤ 電流の向きを変えずにアルミニウムはくにはたらく力の向きを変えるには，磁界の向きを変えればよい。

❹ モーターは，磁石とコイルを流れる電流との間でおよぼし合う力を利用して，コイルを回転させる装置である。コイルを回転させるために，コイルの上部と下部で逆向きの力を受ける必要がある。

❺ ①～③ 棒磁石をコイルの内部に出し入れすると磁界が変化し，誘導電流(ゆうどうでんりゅう)が生じる。電磁誘導(でんじゆうどう)は磁界が変化するときのみに起こる現象であるから，棒磁石の動きを止めたときは，誘導電流は生じない。
④ 誘導電流は，磁界の変化が大きいほど，また，コイルの巻数が多いほど大きくなる。

❻ 向きが周期的に変化する電流を交流(こうりゅう)という。家庭のコンセントに供給されている電流は，交流である。交流は電圧の大きさが絶えず変化するので，オシロスコープで電圧の時間変化を示すと，㋑のように波のような形が見られる。発光ダイオードは決まった方向に電流が流れたときにだけ点灯するので，交流の電源につなぐと交互(こうご)に点灯して見える。

p.70-71 Step 3

❶ ① ㋒
② **－の電気を帯びている。**

❷ ① **下図**

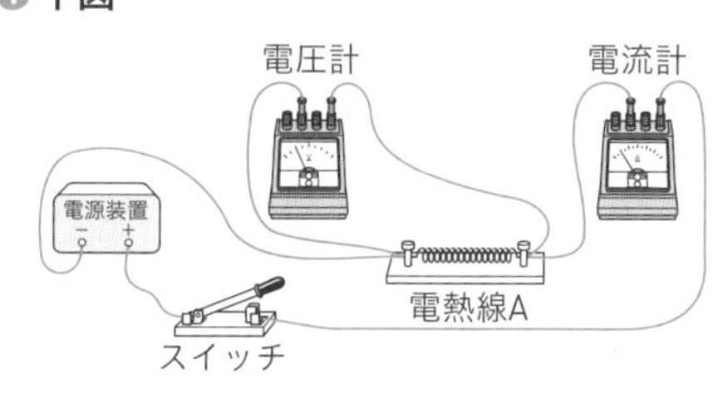

▶ 本文 p.70-71

② **右図**
③ **7.0 V**
④ **5 A**
⑤ **A…150 mA　B…350 mA**
⑥ **比例の関係，オームの法則**
⑦ **A**
⑧ **40 Ω**
❸ ① **1 W**
② **オーブントースター…10 A**
電気ポット…7.5 A
③ **1000 J**
④ ㋐
❹ ㋒

考え方

❶ ① 陰極線は電極の＋極(電極 c)の方に曲がる。
② 陰極線は－の電気を帯びたものの流れである。実際には，陰極線は－極から＋極へ移動する電子の流れそのものであることが，イギリスのトムソンによって見いだされた。

❷ ① ② 電流計は回路に直列につなぎ，電圧計は回路に並列につなぐ。
③ 15 Vの端子につないでいるので，電圧計の最大の目盛りを15 Vとして読む。
⑥ 電流と電圧の関係は，原点を通る直線のグラフであるから比例の関係である。これをオームの法則という。
⑧ 電熱線Aは，電圧が6 Vのとき，流れる電流の大きさがグラフより0.15 Aである。よって，オームの法則より，
6 V÷0.15 A＝40 Ω

❸ ① 電力〔W〕＝電圧〔V〕×電流〔A〕で求められる。よって，1 V×1 A＝1 Wである。
② ①より求める。
1000 W÷100 V＝10 A
750 W÷100 V＝7.5 A
③ 1 Wの電力が1秒間に生じる熱量が1 Jである。1 J＝1 W×1 sより，
1000 W×1 s＝1000 J
④ 同じ温度で同じ量の水を同じ温度まで加熱するには，同じ量の熱が必要である。電熱線で消費された電気エネルギーの分だけ熱量が発生する。この電気エネルギーを電力量といい，熱量と同じ単位ジュール(J)を用いて表される。
熱量〔J〕＝電力量〔J〕＝電力〔W〕×時間〔s〕
同じ熱量をとり出すために消費する電力量は同じであり，加熱時間は電力，すなわち電気器具のワット数に反比例する。したがって，1000 Wの電気ポットを使用した方が，750 Wの電気ポットを使用するよりも加熱時間が短くてすむ。

❹ 図のコイルや導線のまわりにはたらいている磁力線は以下の図のようになっている。㋒のAの位置の磁針の針の向きが誤りである。磁界の中の磁針のN極は，磁界の向きを指す。

㋐
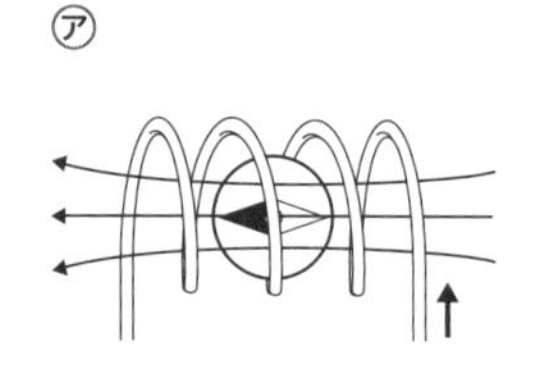

㋑
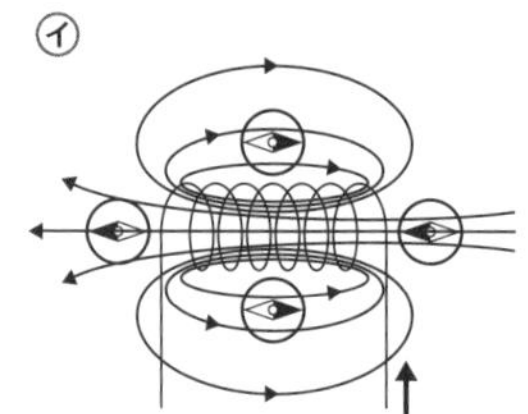

㋒
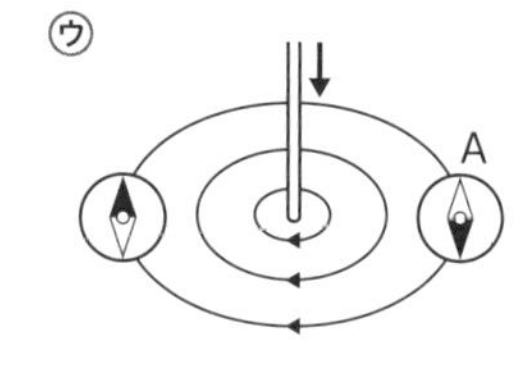

㋓
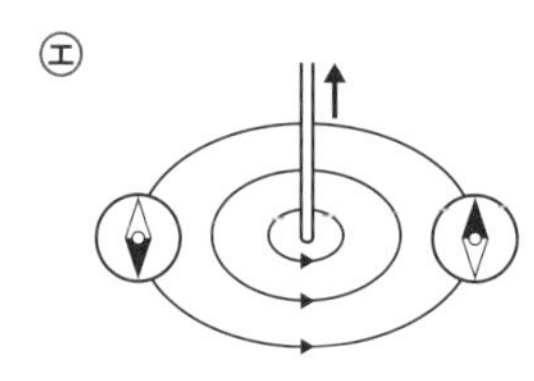

テスト前 ☑ やることチェック表

① まずはテストの目標をたてよう。頑張ったら達成できそうなちょっと上のレベルを目指そう。
② 次にやることを書こう（「ズバリ英語○ページ，数学○ページ」など）。
③ やり終えたら□に✔を入れよう。
最初に完ぺきな計画をたてる必要はなく，まずは数日分の計画をつくって，
その後追加・修正していっても良いね。

目標

	日付	やること 1	やること 2
2週間前	／	□	□
	／	□	□
	／	□	□
	／	□	□
	／	□	□
	／	□	□
	／	□	□
1週間前	／	□	□
	／	□	□
	／	□	□
	／	□	□
	／	□	□
	／	□	□
	／	□	□
テスト期間	／	□	□
	／	□	□
	／	□	□
	／	□	□
	／	□	□

QRコードのページに登録すると，「ぴたリンク」からも表をダウンロードできるよ

① まずはテストの目標をたてよう。頑張ったら達成できそうなちょっと上のレベルを目指そう。
② 次にやることを書こう（「ズバリ英語〇ページ，数学〇ページ」など）。
③ やり終えたら□に✓を入れよう。
最初に完ぺきな計画をたてる必要はなく，まずは数日分の計画をつくって，
その後追加・修正していっても良いね。

目標

	日付	やること 1	やること 2
2週間前	／	□	□
	／	□	□
	／	□	□
	／	□	□
	／	□	□
	／	□	□
	／	□	□
1週間前	／	□	□
	／	□	□
	／	□	□
	／	□	□
	／	□	□
	／	□	□
	／	□	□
テスト期間	／	□	□
	／	□	□
	／	□	□
	／	□	□
	／	□	□

キリトリ線

QRコードのページに登録すると，「ぴたリンク」からも表をダウンロードできるよ

- テストにズバリよくでる!
- 図解でチェック!

理科

東京書籍版

2年

単元1 化学変化と原子・分子(1)

教 p.12〜87

化学変化 教 p.16〜25

- もとの物質とちがう物質ができる変化を**化学変化**(**化学反応**)という。
- 1種類の物質が2種類以上の物質に分かれる化学変化を**分解**という。
- 物質に熱を加えて分解することを**熱分解**という。
- 物質に電流を流して分解することを**電気分解**という。

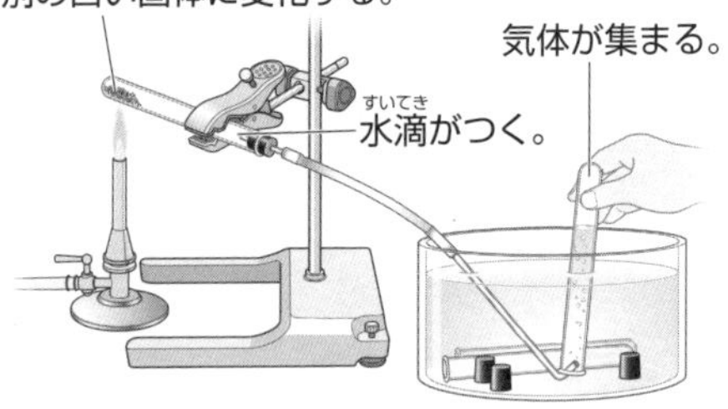

炭酸水素ナトリウムの熱分解

炭酸水素ナトリウム

→ 炭酸ナトリウム ＋ 二酸化炭素 ＋水

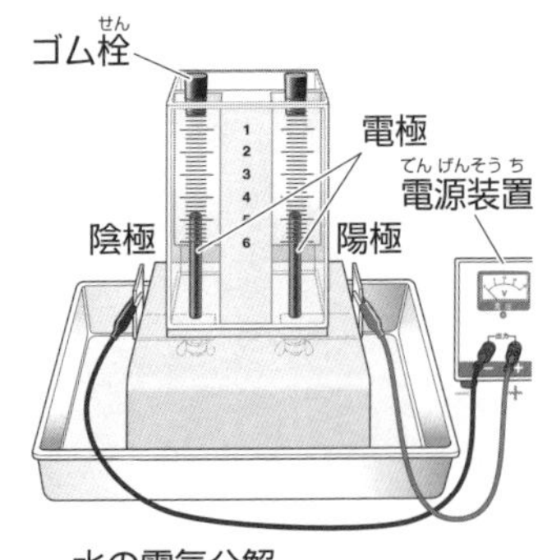

水の電気分解

水→ 水素 ＋ 酸素

(陰極側)(陽極側)

原子 教 p.26〜27

- それ以上，分割することができない，最小の粒子を**原子**という。

〔原子の性質〕

①化学変化によって，原子はそれ以上に分割することができない。

②原子の種類によって，質量や大きさが決まっている。

③化学変化によって，原子がほかの種類の原子に変わったり，なくなったり，新しくできたりすることはない。

単元1　化学変化と原子・分子(2)

教 p.12～87

元素と元素記号　教 p.28～29

- 物質を構成する原子の種類を**元素**という。
- 元素を表すアルファベット1文字，または2文字の記号を**元素記号**という。

水素原子　水素原子

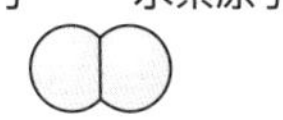

水素分子(化学式 H_2)

酸素原子　酸素原子

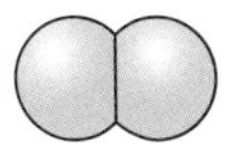

酸素分子(化学式 O_2)

酸素原子

水素原子　水素原子

水分子(化学式 H_2O)

分子　教 p.30～31

- いくつかの原子が結びついた，物質の性質を示す最小の粒子を**分子**という。
- 元素記号を用いて物質を表したものを**化学式**という。

物質の分類　教 p.32～33

- 1種類の元素からできている物質を**単体**という。
- 2種類以上の元素からできている物質を**化合物**という。

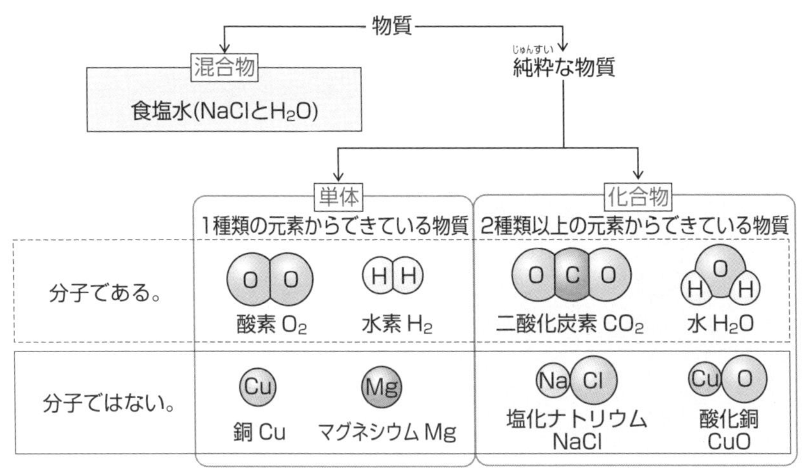

単元1　化学変化と原子・分子(3)

単元1

教 p.12〜87

物質どうしが結びつく化学変化　教 p.36〜41

・２種類以上の物質が結びつくと，もとの物質とは性質の異なる**1種類**の物質ができる。

〔例〕鉄と硫黄の混合物の加熱

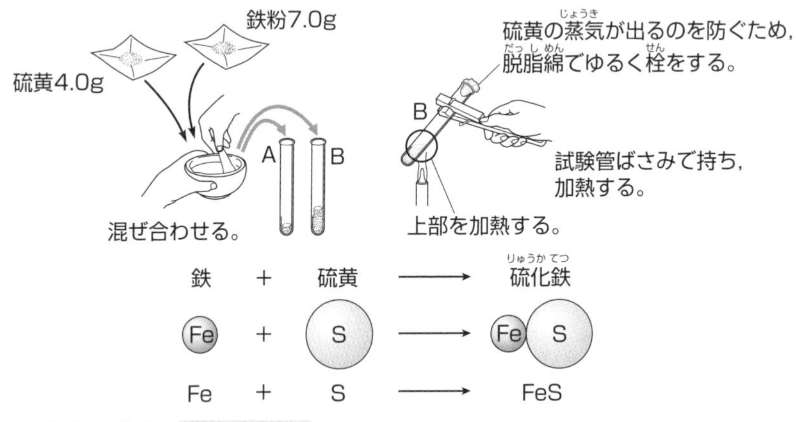

鉄	+	硫黄	→	硫化鉄
Fe	+	S	→	FeS
Fe	+	S	→	FeS

化学反応式　教 p.42〜46

・化学変化を化学式で表した式を**化学反応式**という。

〔例〕水素と酸素が結びつく化学変化

①反応前の物質を矢印(→)の左側に，反応後の物質を矢印(→)の右側に書く。

水素　＋　酸素　→　水

②それぞれの物質を化学式で表す。

H_2　＋　O_2　→　H_2O

③矢印(→)の左右で酸素の原子Oの数を等しくするために，右側の水の分子H_2Oを 1 個ふやす。

H_2　＋　O_2　→　H_2O　H_2O

矢印の左右でOの数は等しくなるが， H の数は等しくない。

④矢印(→)の左右で水素の原子Hの数を等しくするために，左側の水素の分子H_2を 1 個ふやす。

H_2　H_2　＋　O_2　→　H_2O　H_2O

⑤水素の分子H_2が２個は $2H_2$ ，水の分子H_2Oが２個は $2H_2O$ と表すことができる。

$2H_2$　＋　O_2　→　$2H_2O$

▶単元1　化学変化と原子・分子(4)

教 p.12〜87

物が燃える変化(酸化)　教 p.50〜55

- 物質が酸素と結びつくことを**酸化**という。
- 酸化によってできた物質(化合物)を**酸化物**という。
- 物質が熱や光を出しながら激(はげ)しく酸化されることを**燃焼**という。

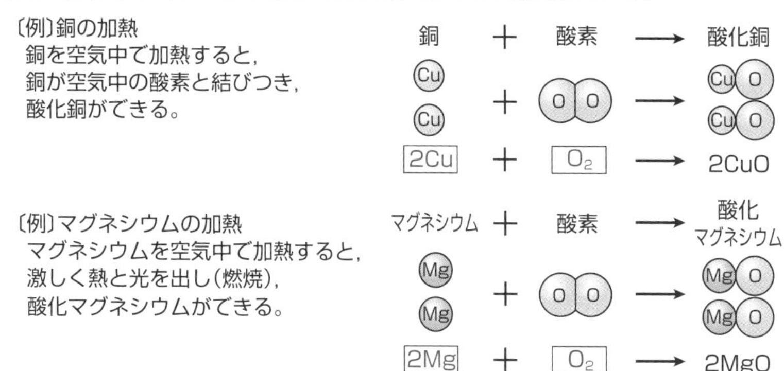

酸化物から酸素をとる変化(還元)　教 p.56〜60

- 酸化物が酸素をうばわれる反応を**還元**という。

〔例〕酸化銅と炭素の混合物の加熱

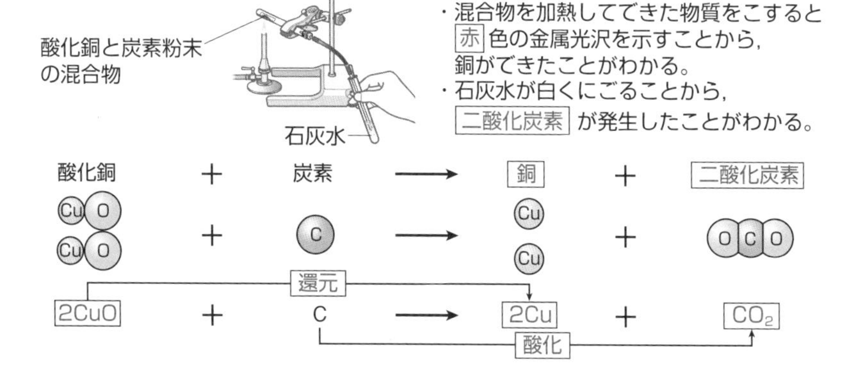

▶単元1　化学変化と原子・分子(5)

教 p.12～87

質量保存の法則　教 p.64～67

- 化学変化の前後で，物質全体の質量は変わらない。これを**質量保存の法則**という。
- 化学変化の前後で，原子の組み合わせは変化するが，全体の**元素**と原子の**数**は変化しない。

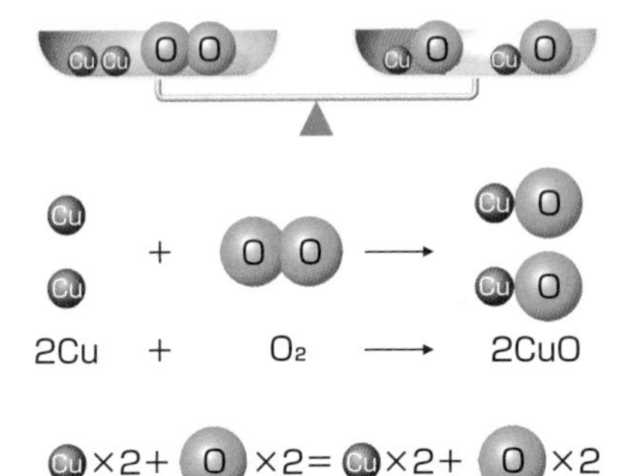

物質と物質が結びつくときの物質の割合　教 p.68～71

- 金属を加熱すると，結びついた酸素の分だけ質量は大きくなるが，加熱し続けても，あるところから化合物の質量は大きくなることはなく，**一定**の値になる。
- 2種類の物質が結びつく場合，2種類の物質は**一定**の質量の割合で結びつく。
- 結びつく2種類の物質の質量で，一方に過不足があるときは，**多い**方の物質が結びつかないで残る。

〔例〕銅と酸素，マグネシウムと酸素
酸化銅　反応する銅と酸素の質量の比は4：1
酸化マグネシウム　反応するマグネシウムと酸素の質量の比は3：2

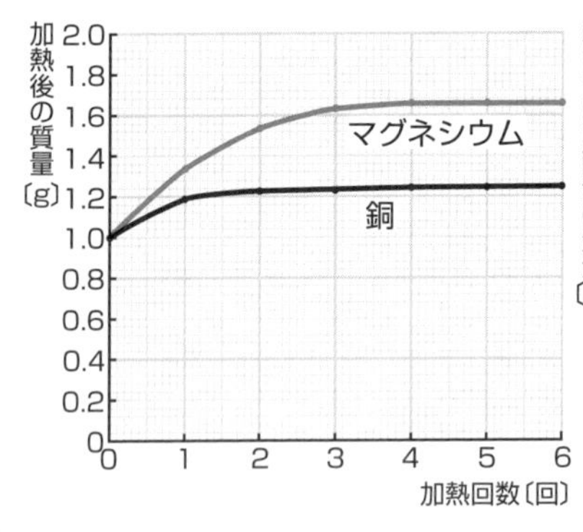

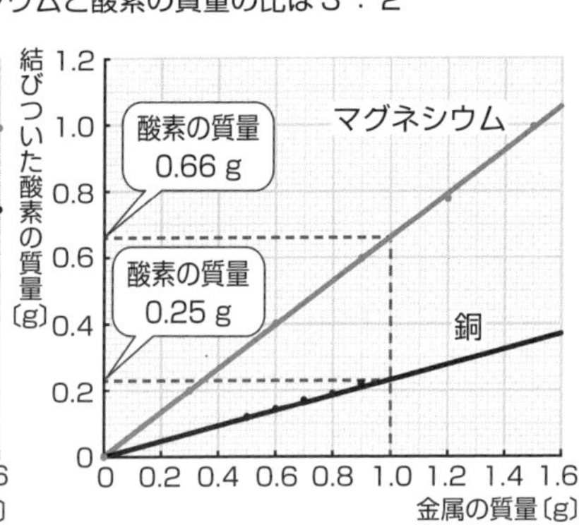

教 p.88〜169

顕微鏡のしくみ 教 p.92〜93

- 顕微鏡は，肉眼では見えない物を拡大し，観察するのに用いる。

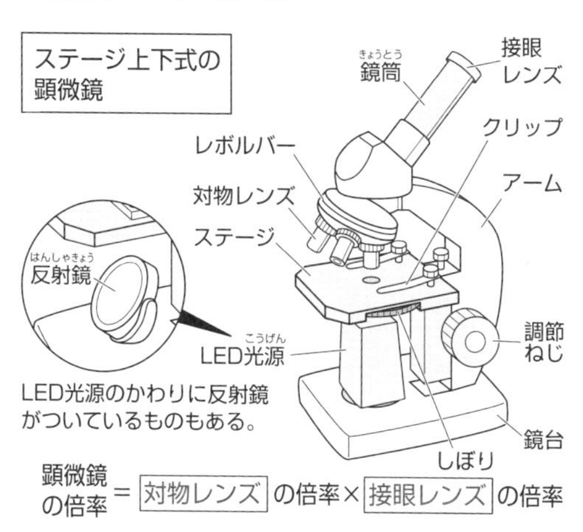

顕微鏡の倍率 ＝ 対物レンズ の倍率×接眼レンズ の倍率

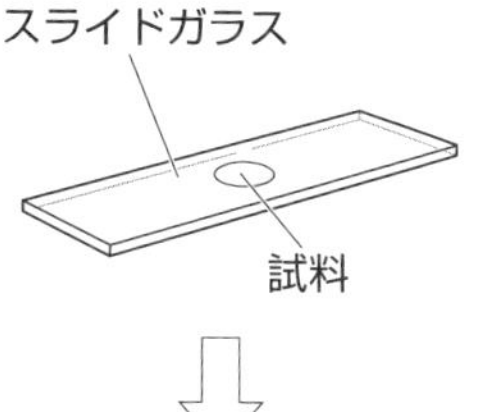

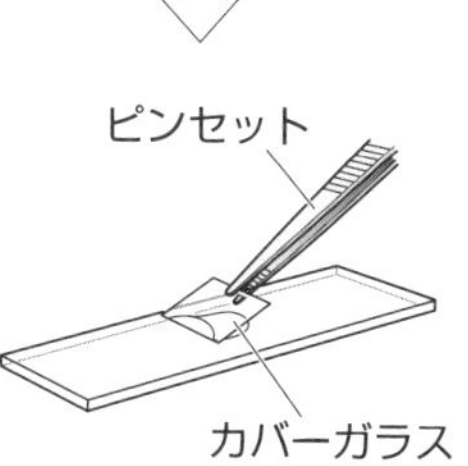

気泡 が入らないようにカバーガラスをかける。

細胞のつくり

教 p.96〜103

- 全ての生物のからだに共通して見られる，小さな部屋のようなものを**細胞**という。

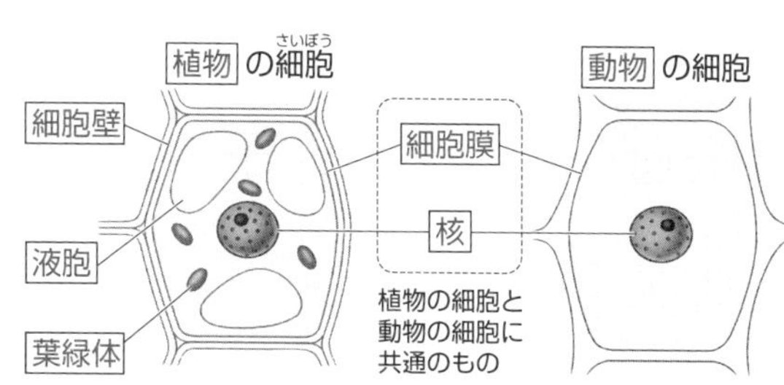

光合成 教 p.110〜117

- 植物が光を受けてデンプンなどの養分をつくるはたらきを**光合成**という。
- 光合成は**葉緑体**で行われる。

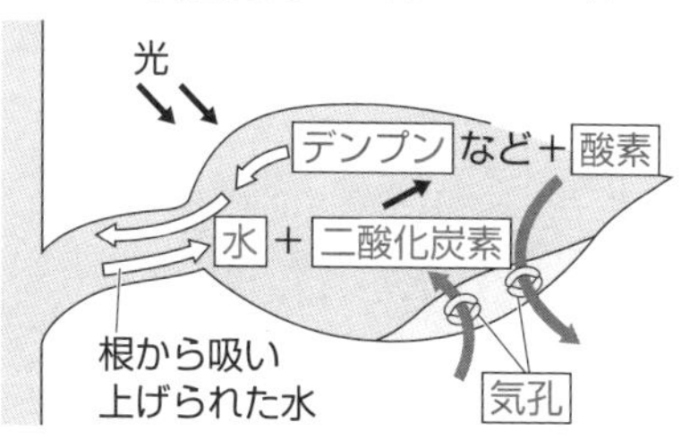

▶単元2 生物のからだのつくりとはたらき(2)

教 p.88〜169

植物の水の通り道 教 p.124〜127

- 道管と師管の集まりを**維管束**という。双子葉類(そうしようるい)では周辺部に輪の形に並び，単子葉類(たんしようるい)では全体に散らばっている。

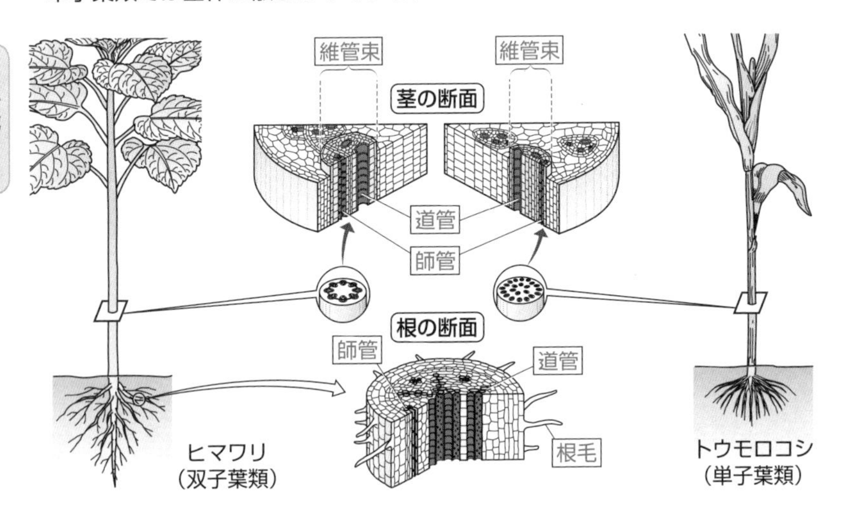

消化と吸収 教 p.130〜137

- 体内で，食物を吸収されやすい物質に分解することを**消化**，分解された物質などを体内にとりこむことを**吸収**という。

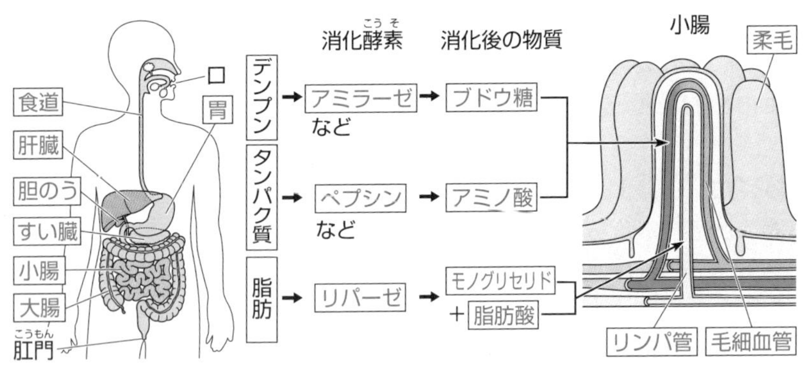

▶単元2　生物のからだのつくりとはたらき(3)

教 p.88〜169

肺呼吸　教 p.138〜139

・空気中からとりこまれた**酸素**と，血液中の**二酸化炭素**が肺で交換(こうかん)される一連のはたらきを**肺呼吸**という。

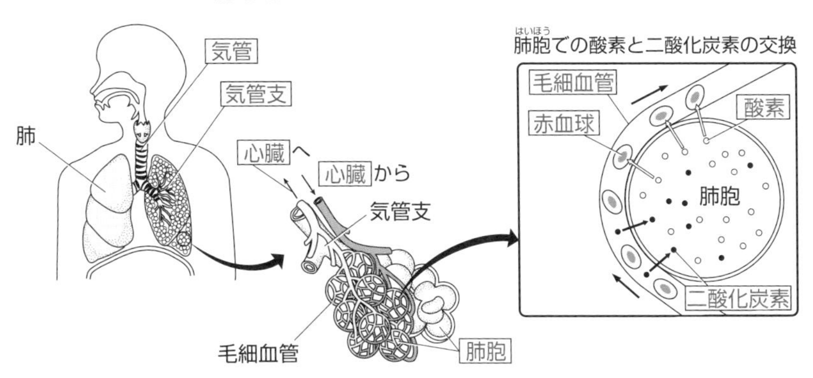

血液の循環　教 p.140〜142

・心臓から肺以外の全身を通って心臓にもどる血液の流れを**体循環**，心臓から肺，肺から心臓という血液の流れを**肺循環**という。

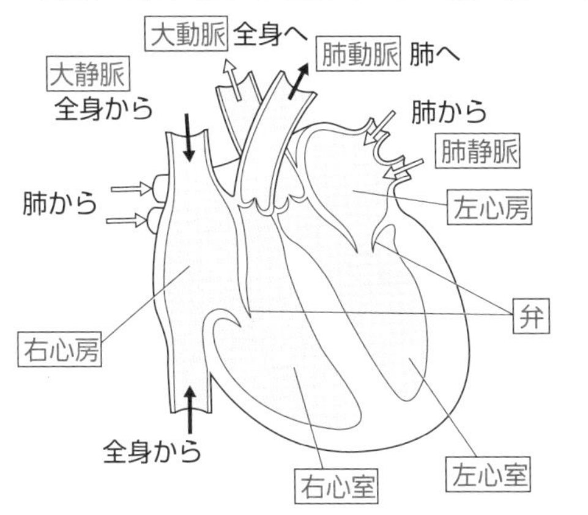

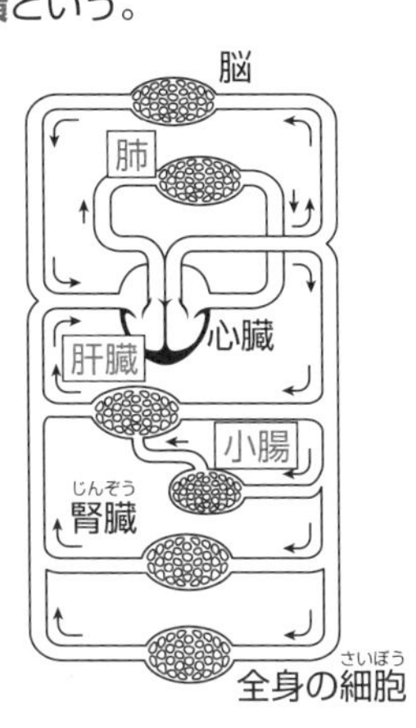

単元2 生物のからだのつくりとはたらき(4)

教 p.88〜169

血液の成分 教 p.142〜143

- 血液の主な成分は，**赤血球**，**白血球**，**血小板**などの血球と，液体の**血しょう**である。
- 毛細血管から血しょうがしみ出て，細胞(さいぼう)のまわりを満たす液を**組織液**という。

成分	形	はたらき
赤血球	中央がくぼんだ円盤(えんばん)形	酸素を運ぶ。
白血球	球形のものが多い。状況により変形するものがある。	細菌(さいきん)などの異物(いぶつ)を分解する。
血小板	小さくて不規則な形	出血した血液を固める。
血しょう	液体	養分や不要な物質などを運ぶ。

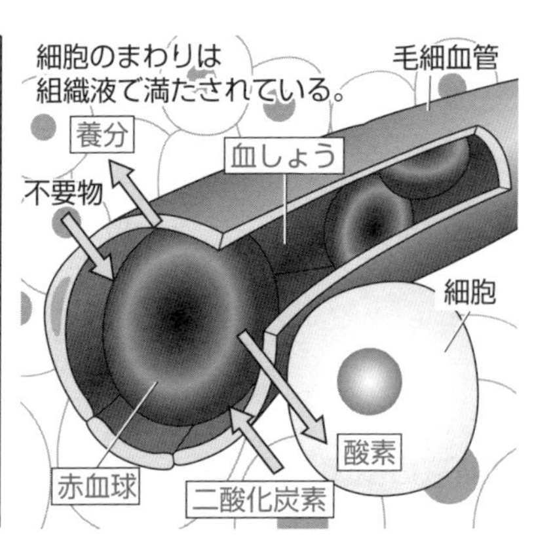

反射 教 p.156〜157

- 意識して起こす反応は**脳**が関係している。
- 刺激(しげき)を受けて，意識とは無関係に決まった反応が起こることを**反射**という。

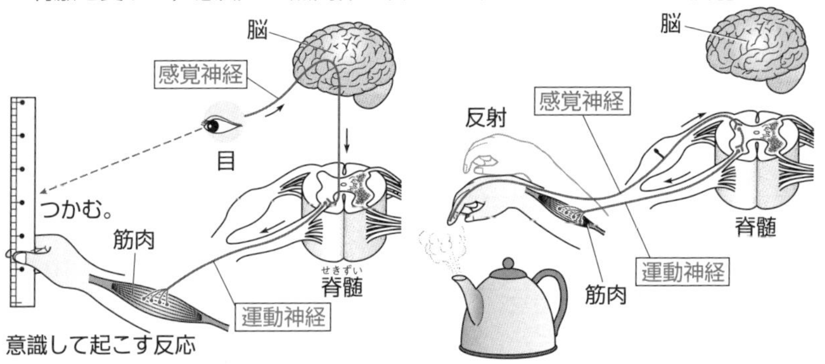

▶単元3　天気とその変化(1)

教 p.170〜233

天気図の記号　教 p.178

天気図の記号

各地の天気，風向・風力の記号での表し方(例)

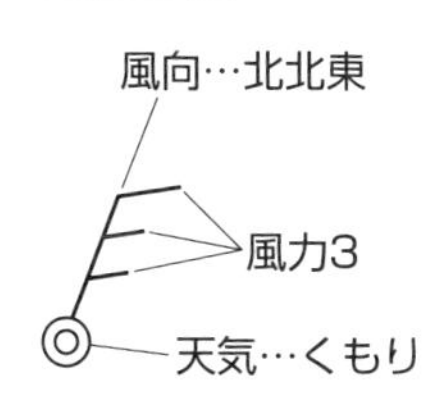

○ 快晴　◎ くもり　雪

晴れ　雨　雷

気圧と風　教 p.186〜188

- 風は気圧の**高い**ところから**低い**ところへ向かってふく。
- 高気圧の中心付近では**下降**気流が起こっている。
- 低気圧の中心付近では**上昇**気流が起こっている。
- 高気圧では，中心から時計まわりにうずをえがきながら**外**に向かって風がふき，低気圧では，**中心**に向かって反時計まわりにうずをえがきながら風がふく。

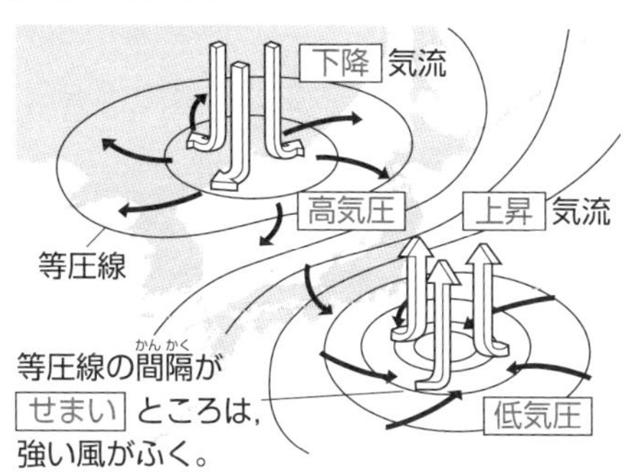

飽和水蒸気量　教 p.190〜192

- 空気中にふくまれる水蒸気が冷やされて水滴に変わる(凝結し始める)温度を**露点**という。
- $1m^3$の空気がふくむことのできる水蒸気の最大質量を**飽和水蒸気量**という。

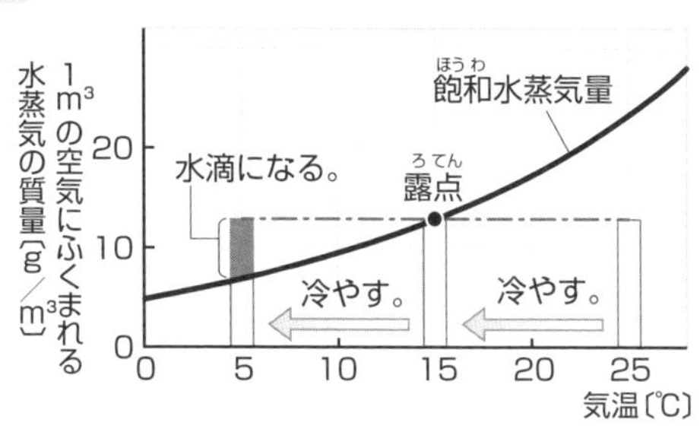

天気とその変化(2)

教 p.170〜233

湿度 教 p.193〜194

- 空気のしめりぐあいを数値で表したものを**湿度**という。ある温度の1 m³の空気にふくまれる水蒸気の質量が，その温度での飽和(ほうわ)水蒸気量に対してどれくらいの割合になるのかを百分率(%)で表す。

$$\text{湿度(しつど)}〔\%〕=\frac{1\,\text{m}^3\text{の空気にふくまれる水蒸気の質量}〔\text{g/m}^3〕}{\text{その空気と同じ気温での飽和水蒸気量}〔\text{g/m}^3〕}\times 100$$

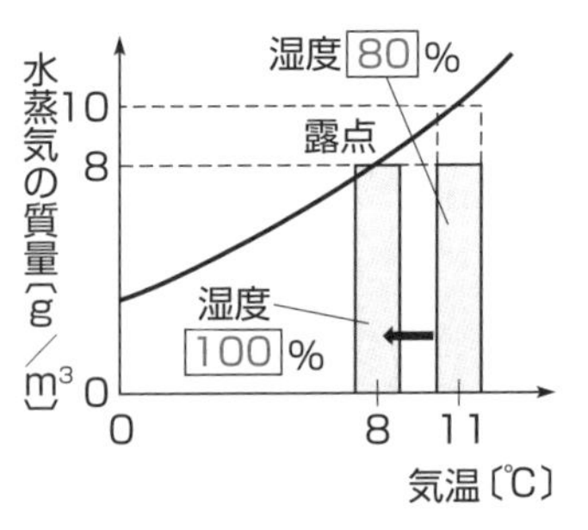

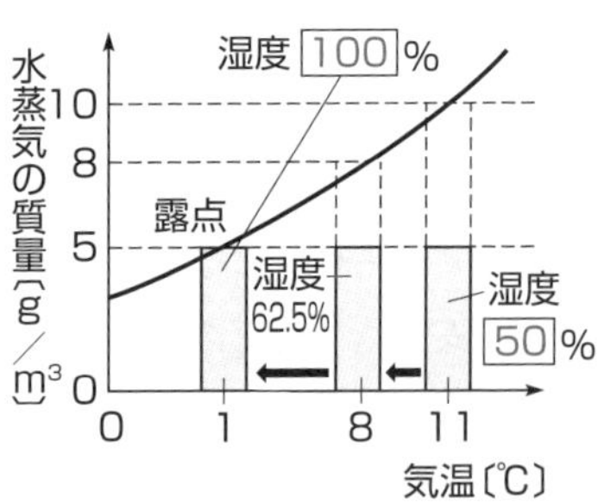

雲のでき方 教 p.198〜200

- 空気が上昇(じょうしょう)すると，上空の気圧が低いため膨張(ぼうちょう)して温度は下がる。露点(ろてん)より低い温度になると，空気中の水蒸気が水滴(すいてき)や氷の粒(つぶ)になり，**雲**ができる。
- 上昇気流で支えきれなくなり水滴や氷の粒が落ちてきたものが**雨**や**雪**である。

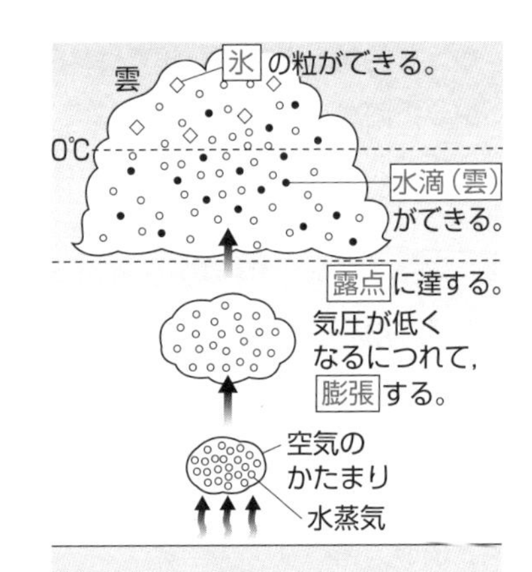

▶単元3 天気とその変化(3)

教 p.170～233

気団と前線 教 p.202～207

・気温や湿度(しつど)が一様な空気のかたまりを**気団**という。

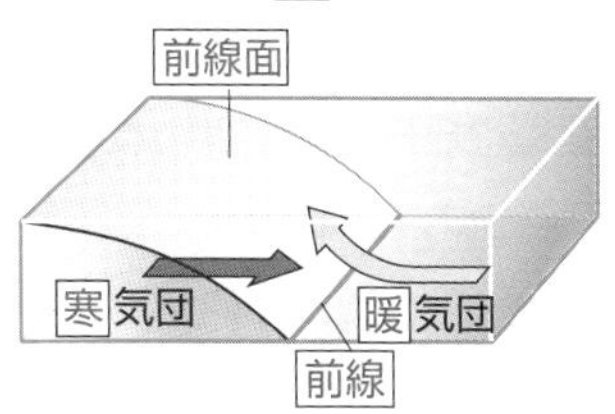

	寒冷前線	温暖前線
記号	▼▼▼▼	●●●●
おもな雲	積乱雲	乱層雲，高層雲
通過前の天気	南寄りの風がふく。	弱い雨が長時間降り続く。
通過後の天気	北寄りの風がふき，寒気におおわれて気温は下がる。	南寄りの風がふき，暖気におおわれて気温は上がる。

大気の動きと天気の変化 教 p.210～216

・日本付近では，**偏西風**(中緯度(ちゅういど)地域の上空をふく西寄りの風)により，天気は**西**から**東**へ変わることが多い。

・季節によって特徴(とくちょう)的にふく風を**季節風**という。
冬には，シベリア気団からの冷たく乾燥(かんそう)した北西の風がふく。
夏には，小笠原(おがさわら)気団からのあたたかい南寄りの風がふく。

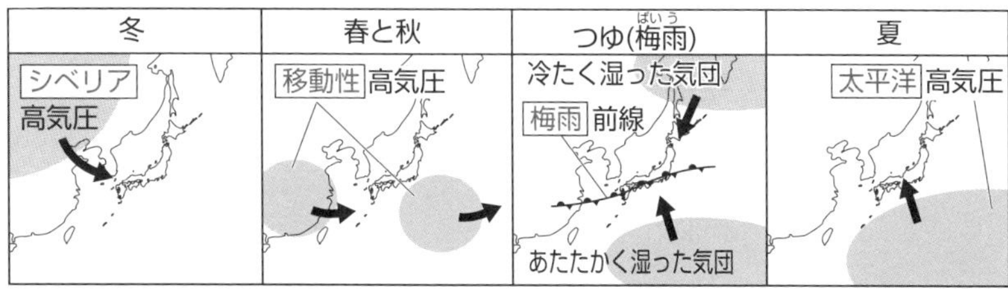

冬	春と秋	つゆ(梅雨)	夏
シベリア高気圧が発達し，日本海側は降雪，太平洋側は乾燥した晴天。	西から東へ，晴れたりくもったりして，同じ天気が長続きしない。	つゆは梅雨前線が停滞し，長期間雨が続く。	太平洋高気圧が勢力を広げ，高温多湿で晴れの日が多い。

電気の世界(1)

教 p.234〜297

陰極線 教 p.243

・真空放電管内に見られる電流のもとになるもの(電子)の流れを**陰極線**という。

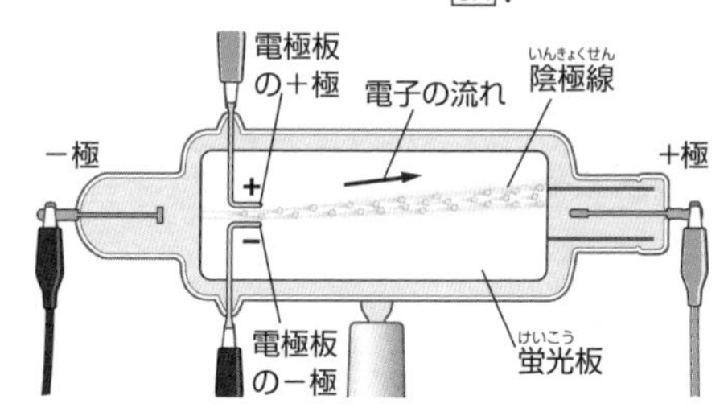

電気用図記号 教 p.252

・回路を図に表すときには，**電気用図記号**が用いられる。

電池・直流電源	導線の交わり	スイッチ	抵抗器	電球	電流計	電圧計
(長い方が＋極)	接続する　接続しない			⊗	Ⓐ	Ⓥ

直列回路・並列回路 教 p.254〜261

・直列回路では，回路の各点を流れる電流の大きさは**どこでも同じ**。また，各区間に加わる電圧の大きさの和は，全体に加わる電圧の大きさに**等しい**。

・並列回路では，枝分かれする前の電流の大きさは，**枝分かれした後**の電流の和や**合流した後**の電流の大きさにも等しい。
また，各区間に加わる電圧の大きさと全体に加わる電圧の大きさが**等しい**。

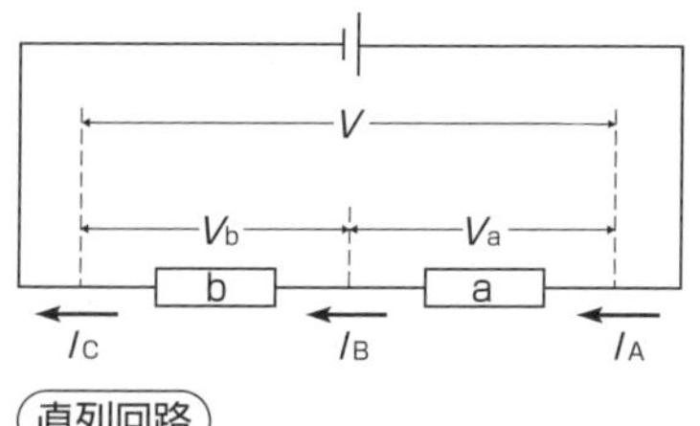

直列回路

$I_A = I_B = I_C$　　$V = V_a + V_b$

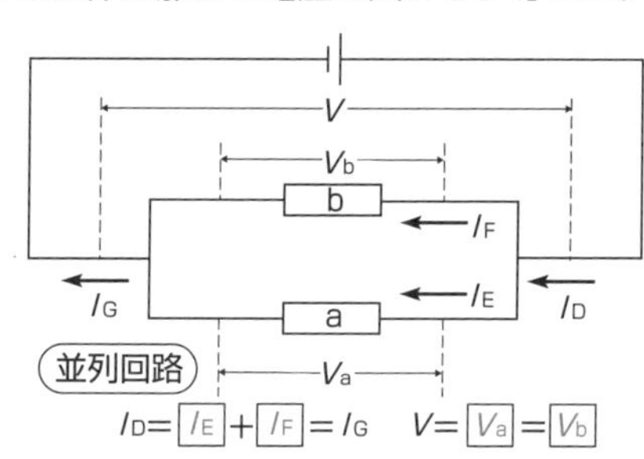

並列回路

$I_D = I_E + I_F = I_G$　　$V = V_a = V_b$

▶単元4　電気の世界(2)

教 p.234～297

磁界の性質　教 p.274

- 磁力のはたらく空間を**磁界**（磁場）という。
- 磁界のようすを表した線を**磁力線**という。

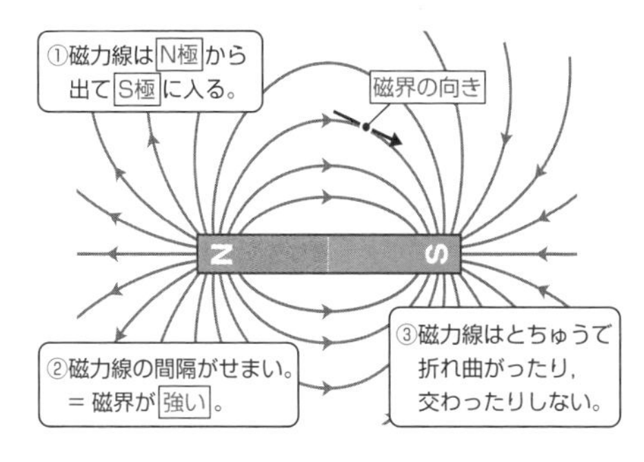

電流がつくる磁界　教 p.275～277

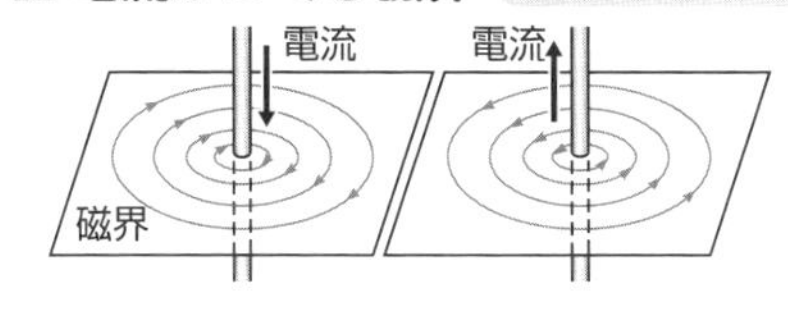

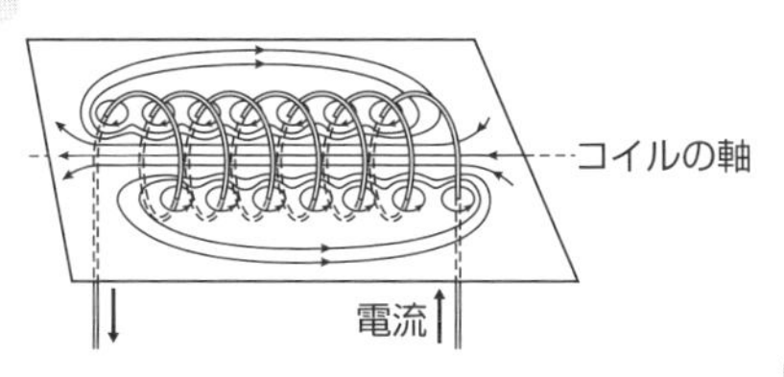

- 導線を中心として，同心円状に磁界ができる。
- 導線に近いほど磁界は強い。
- 電流の向きを逆にすると，磁界の向きも逆になる。

- コイルの磁界は，１本の導線に流れる電流によってできる磁界が集まることで強められている。

電流が磁界から受ける力　教 p.278～280

- 電流の向きや磁界の向きを逆にすると，力の向きは**逆**になる。
- 電流を大きくしたり，磁界を強くしたりすると，力は**大きく**なる。

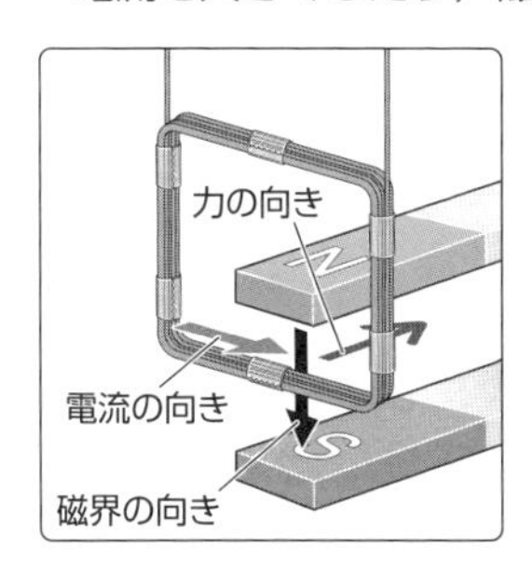

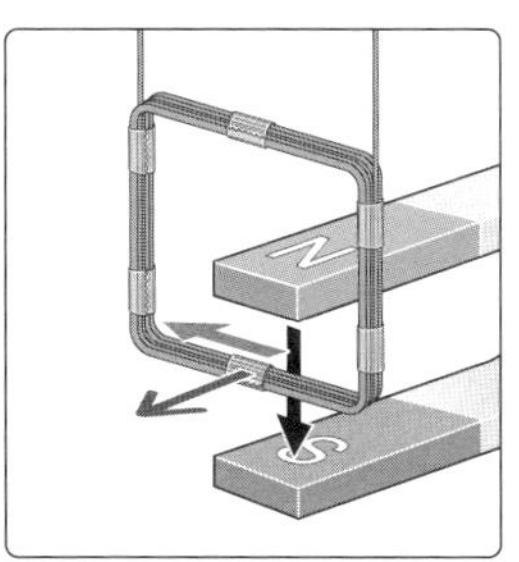

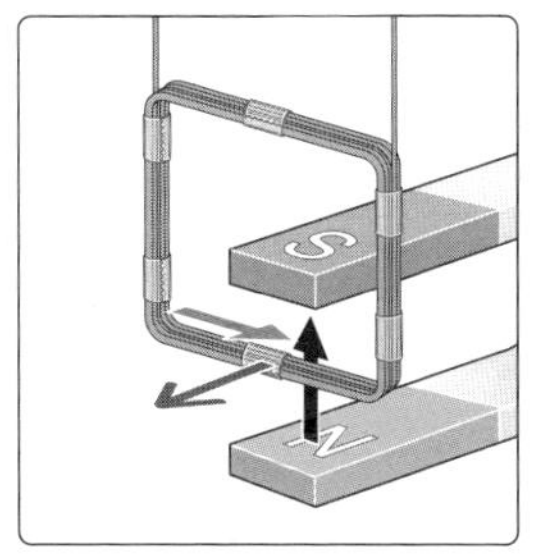

電気の世界(3)

教 p.234〜297

電磁誘導 教 p.282〜284

・コイル内部の磁界が変化すると，その変化にともない電圧が生じて，コイルに電流が流れる。この現象を**電磁誘導**といい，このときに流れる電流を**誘導電流**という。

・コイル内部の磁界の変化が大きいほど，また，コイルの巻数が多いほど，誘導電流は**大きい**。

・磁石をコイルに入れるときと出すときで，また，出し入れする磁石の極を変えると，誘導電流の向きは**逆**になる。

N極を近づけたとき　N極を遠ざけたとき　S極を遠ざけたとき

N　N　誘導電流　検流計

N　誘導電流　検流計

S　誘導電流　検流計

直流と交流 教 p.286〜287

・流れる向きが変わらない，一定の向きに流れる電流を**直流**，向きが周期的に変化する電流を**交流**という。

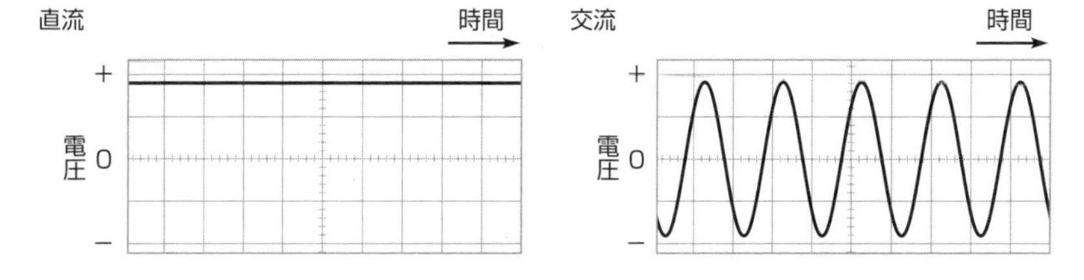